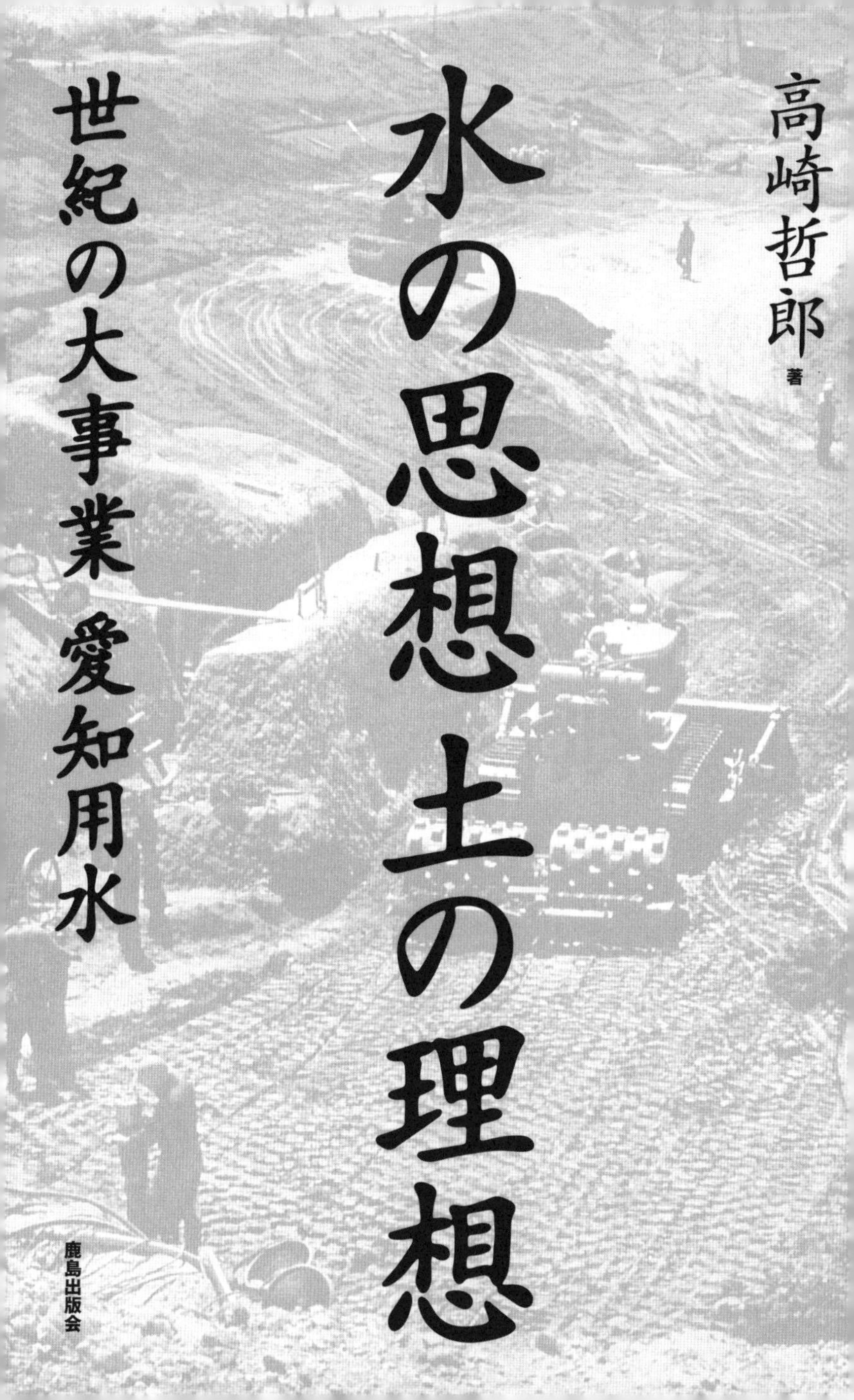

高崎哲郎 著

水の思想 土の理想

世紀の大事業 愛知用水

鹿島出版会

〈ノンフィクション〉

水の思想　土の理想——世紀の大事業　愛知用水

水の思想 土の理想　目次

木曽川水系図

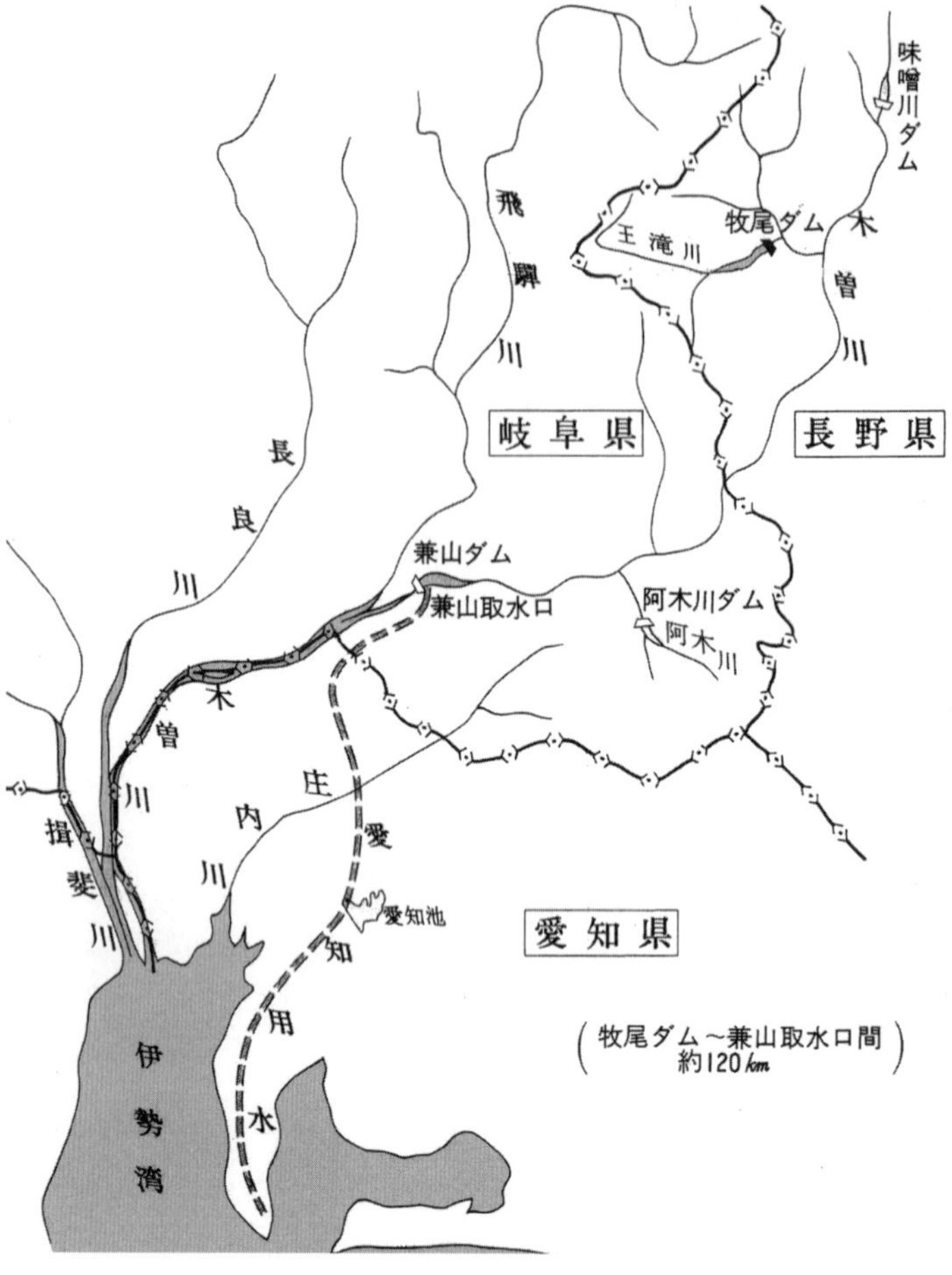
味噌川ダム
牧尾ダム
王滝川
木曽川
飛騨川
岐阜県
長野県
長良川
兼山ダム
兼山取水口
阿木川ダム
阿木川
木曽川
揖斐川
庄内川
愛知用水
愛知池
愛知県
伊勢湾
（牧尾ダム～兼山取水口間
約120㎞）

第一章

教官浜島辰雄と農民久野庄太郎

陸軍幼年学校教官浜島辰雄

太平洋戦争が敗北に傾きかけた昭和一九年（一九四四）夏、東海地方は大干ばつに見舞われた。この年は一月から春先にかけて目立った降雨もなく、尾張地方東部から知多半島にかけて点在する大小のため池（皿池）の大半が干上がるか、ほんの少し用水が残っている程度だった。連日猛暑が続いた。太陽は大地を焼けこがし、田畑は自ら熱波をあげた。農民たちは大干ばつに再度襲われることへの不安とその後の生活難を危惧《きぐ》せざるを得なかった。知多半島は干ばつ常襲地で、戦時下の窮乏生活に拍車をかけることは必至だった。

同年六月、名古屋陸軍幼年学校訓育部教官中尉浜島辰雄《たつお》は、城跡である小牧山の麓の官舎から中古のおんぼろ自転車に乗って同幼年学校に通勤していた。彼は二八歳の独身で生物などを担当していた。豊橋にある陸軍予備士官学校区隊長から転任してきたばかりであった。名古屋陸軍幼年学校は、愛知県東春日井郡篠岡村字下末（現小牧市）にあった。陸軍幼年学校は将来の陸軍士官を育成する目的のもとに設置された特殊な教育機関であった。三年間の勉学の後、予科士官学校、士官学校と進学して将校となる。陸軍幼年学校の生徒は「星の生徒」と呼ばれ、少年たちの憧れ的存在でもあった。それだけに教官（将校）のプライドも高かった。

通勤途上で通る水田には、木津用水《こっつようすい》から水が流れ込んでおり、田植えも順調に行われているようだった。六月二八日、彼はいつものように自転車に乗り校門をくぐった。敬礼をして職員室に入ると、校長鈴木鉄三（陸軍少将）の副官後藤から声をかけられた。

「浜島教官、新聞報道によると知多半島ではこの時期になっても干ばつで田植えに入れない地域が大半だと言うことですね。貴官は三重高等農林（現三重大学農学部）卒で農業土木が専門であり、ある程度の予測はつくでしょう。鈴木校長も戦況に大きな影響を与えかねないとして大変に知りたがっています」

「天気の配置図などから見てその可能性は大きいようです。私の実家も心配です」

その日の昼、浜島は不安に駆られて同県豊明村（現豊明市）の実家に電話を入れてみた。

「ため池は干上がった。雨の降るのを待って田植えするしかない」

父親は声を落として語った。間もなく半夏生《はんげしょう》になるというのに、何ということだ。半夏生は七月初めの日をいい、梅雨が明け田植の終期とされる。例年ならば田植えは終わっていなければならない。「半夏生は半作」と言われる。大幅に遅れた田植では米の収穫は半減するのである。

◆

浜島は、大正五年（一九一六）二月八日、豊明村（現市）の豊かな農家の六人兄弟の末っ子に生まれた。大正一三年夏の干ばつの際には、八歳の少年は父親からため池の水番を命じられた。浜島少年は、水泥棒を見つけては体を張って制止しようとしたが、少年の力ではとても及ばず目の前で次々に水を汲まれてしまった。干ばつで干からびた白い大地にいかに水を確保するか、少年は解決策を求めて愛知県立安城農林学校に進学し、さらに三重高等農林学校で学んだ。成績は常に上位であった。高等農林学校時代には陸上競技の選手としても活躍した。身長一メートル七五センチ、体重七五キロの堂々たる体躯《たいく》の青年となった。卒業後、満州鉄道調査部に入社した。満州内蒙古《モンゴル》で、牧場での畜産増進に向けた草資源の調査を担当する。そのかたわら、草の生育に不可欠な水を確保する手段として、ダム建設計画を作成し、これを学術論文とした。この努力がのちになって愛知用水計画の導水路作成に役立つことになる。

彼は土曜日と日曜日を使って実家に自転車で向かうことにした。経路は中京地区の交通網の整備されていない所ばかりで自転車を使うしかなかった。頑丈な体躯の浜島には苦痛ではなかった。副官後藤の外出許可も得た。実家は前年に兄を失い（享年四二）、七八歳の父親と兄嫁が家業を守っている。陸軍の訓練服を着た浜島は、地図上に鉛筆で経路を書き込んだ。東尾張地方を南下するのである。坂下（現春日井市）―高蔵寺（同前）―尾張旭（現市）―長久手（現町）―日進（現市）―東郷（現町）―豊明（現市）の進路で約八里（三二キロメートル）である。早朝に官舎を出発した。盛夏である。朝から日差しが眩《まぶ》しい。自転車は上り坂になるとキーキーと耳障りな金属音をたてた。学校のある篠岡村から坂下の境の坂を登った。

峠近くの山田にモンペ姿の老婆が見えた。近づいてみると、老婆は「こまざらい」（潮干狩りなどで使う小さな熊手）で真っ白に乾き亀裂の走る田んぼに穴をあけ稲の苗を植えている。そして土をかけてはヤカンで水を注いでいた。田植えをしているのである。水は下のため池から、ほお被りをした爺さん（老夫）が肥桶で担ぎあげて来る。浜島は驚いて自転車を止めた。

「大変だな、婆さん」

彼はしゃがんだ老婆をのぞき込むように声をかけた。

「息子二人は兵隊にとられた。供出分とわしら二人が食うものだけは穫らないといかんでのお」

老婆の傍に立つ老夫が腰を伸ばしながら答えた。浜島の顔を見つめて「世間知らずの、のんきな兵隊だ」といぶかっている様子だった。

浜島が実家に行く事情を話すと、老夫は「どこも同じだ。早く行ってやりな」と無愛想に言って早く立ち去るように両手で促した。長久手方面に向かうと、炎天の田んぼに農民夫妻の姿があった。ここでも初老の夫は乾いてひびの走る白い田に指で穴をあけ、土瓶の水を注いでは稲を植えていたのだ。炎天下、ひび割れた田に穴を掘り、苗を植えこんで、ヤカンの水を注いでいくという哀れな農民の姿が行く先々で見られた。どこの皿池も涸《か》れ果てていた。

「早く実家に行かねばならない」

浜島は自分に言い聞かせて自転車のペダルをこぐ足に力を込めた。実家のある豊明村でも事情は同じだった。父親も「困った。困った」と繰り返すだけで解決策は見いだせなかった。あぜ道に自転車を止めて農民たちと話し合い、また実家の惨状を知るにつれ、「豊かな木曽川から水を引く用水路を実現させられないものか……」との熾烈《しれつ》な思いが浜島の胸に火の玉となって燃えた。戦局は敗北に大きく傾いていた（浜島は、戦後、陸軍幼年学校長鈴木が終戦間近の昭和二〇年八月一月、フィリピン・ホロ島の激戦で戦死したことを知った）。

干ばつと雨乞い

愛知県の知多半島は日本列島のほぼ中央に位置し、太平洋に向って弓なりに突き出た温暖な地である。細長い丘陵が中央に馬の背のように縦断し走っている地形のため、降雨も立ち所に海に流されてしまう。このため河川の保水能力は極めて低い。同半島を襲う大干ばつでは三〇日以上も雨が降らない場合が少なくない。知多半島では一万六〇〇〇ヘクタールの水田に対して一万三〇〇〇か所ものため池が点在していた。全国的に見てもその割合は香川県のため池灌漑の率に匹敵するほどである。ため池は「皿池」と呼ばれた。皿のように浅いからで、天水（雨水）だけが頼りだった。同半島の知多地域は「知多豊年米食わず」とか「可愛い娘は知多へ嫁がすな」と周辺の農村から陰口をたたかれるほど水不足に悩まされた。「知多の雨蛙」という言葉がある。「少しの日照りでもギャーギャー鳴く」との悪口である。半島では水質が悪いこともあって眼病をわずらう人が多かった。「干ばつの苦労はもう御免《ごめん》」と、明治時代の後期以降にはアメリカ大陸西海岸へ移住する農民が増えた。

県内の雨乞いには基本的な型《パターン》がある。まず何日も日照りが続くと、村人たちは氏神様に「惣参り」

上＝ため池に頼っていた頃の知多半島の水田
下＝ため池群。皿のように浅いことから、この地方では「皿池」と呼ばれた。

をする。この「惣」が重要で、村中がこぞって真剣にお願いしているのだということを神に知らせる方法が「惣参り」である。次にドンド（しめ縄や竹・松など）を焚《た》いたり、お百度を踏んだりする。それでも降雨がないときには、三重県桑名郡（現桑名市）の多度《たど》神社に「黒弊様」を受ける代参を送り出す。それでもなお降雨に恵まれない場合には、西三河地域の山の中、額田郡下山村（現豊田市和合町）の北西、作手村（現新城市作手）との境界付近にある「おつぼ池」の「おつぼ（タニシ）」を借りて氏神様に供えて、神主にお祈りをしてもらう。神事を尽せば大体雨が降ったという。

上＝「はねつるべ」による水汲み。テコの原理を応用して低地や井戸の水を汲み上げた。
下＝1反の田も水が行き渡るためには桶（7ℓ）3,000杯ほどを運ぶ必要があった。重労働である。

大府《おおぶ》市では、祈願しても慈雨に恵まれない酷暑には、農家総出で「天焼《あまや》き」をした。横根の狐山、近崎の高根山、半月の天焼山など村の高台に、各農家から集めてきたわらや薪を積み上げて点火した。だんつく獅子舞を奉納して雨乞いを行った地域もある。雨乞い祈願に対して、適時に雨が降ったときには、雨降り正月（わらじはかずの正月）といって農作業を休んで心から感謝の意を表した。

「知多郡は雨が少ないのみでなく、地下水も少ないし、川もない。また水持ちが悪い。我々知多郡の農民の夏の労働の半分は、水汲みの仕事でした。お皿のような浅いため池が何千か所もあるが、

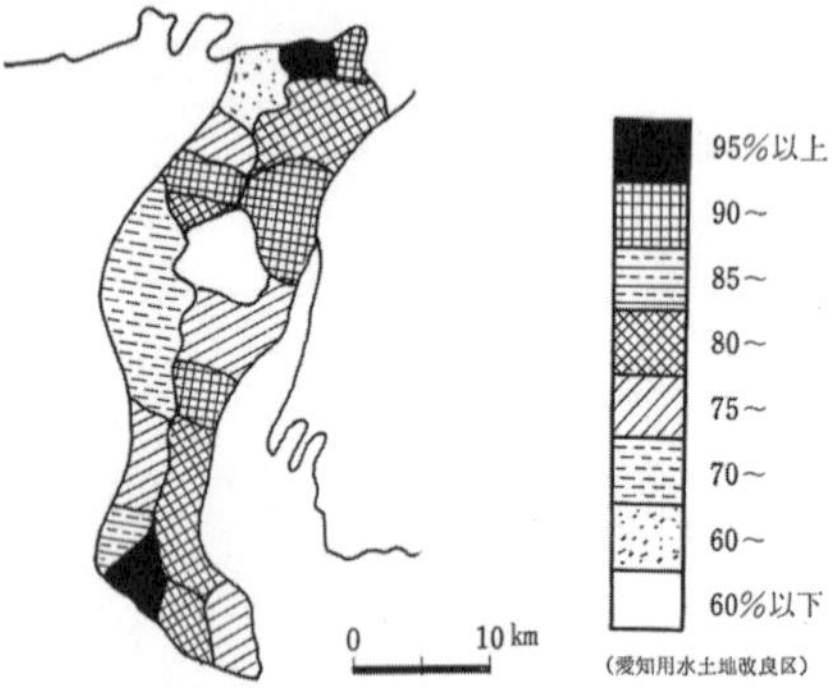

上＝天焼き山跡（大府市郊外）
下＝知多半島のため池分布（『愛知用水史』）

深さと言えば平均一メートル位で、一年中の雨を大切に溜めようとするが、池が満水になるのは、三年に一度です。またそのため池を境として、池下が上田、池上が下田。上田は一〇年中八、九年は反（一〇アール）当り六俵（一俵六〇キログラム）位とれるが、池上の下田では、一〇年中満作は二年、五年は半作、あとの三年は収穫皆無という哀れな作況です。水さえ汲めば五、六俵はとれます。だから貧農は命がけで池の水を汲みます。焼けつく様な土用の陽を受けて、草いきれのするぼた（畦畔《けいはん》）に張り付いては水を汲みあげます。襦袢《じゅばん》も褌《ふんどし》も搾るような汗です。足にヒルが吸い付いて、トウガラシの様に血を吸って赤く膨れてぶら下がっています。そんなことを気にしていては、能率が上がりません。片方の足でこすり落とすくらいです。池に水のある間に汲まぬと、その年はダメです。これが〝末期《まつご》の水〟です。水の切れ目が命の切れ目です」

「命がけで汲んだ水は数日にして無くなり、一〇日過ぎると稲の葉が黒くなってよれてしまう。万策尽きて神頼み、笛や太鼓で氏神様に雨乞いの祭り。馬鹿げたことだが、その頃は他に何の仕事もない。それから一〇日も拝んでいると稲はすべて枯れてしまう。昭和一九年、二二年の干ばつ、敗戦、食糧不足で遂に用水建設運動に踏み切ったのです」（久野庄太郎『躬行者』）

地震と空襲

航空機の大軍需工場地帯である愛知県に対する米軍機の空襲は、名古屋を中心に熾烈《しれつ》を極めた。昭和一九年（一九四四）一一月から敗戦までに、爆撃機B29などによる空爆は一〇〇回を超え、その爆弾投下量は府県別では最多であった。制空権を全く失った状況で、県民は無防備のまま米軍機の攻撃にさらされた。昭和二〇年六月九日の愛知時計電機・愛知航空機への空襲と、八月七日の海軍最大の兵器工場である豊川海軍工廠への空襲では、前者が二〇〇〇人以上、後者では二五〇〇人以上の死者を出し、県内最大の被害となった。軍の機密保持の方針により、犠牲者の遺体は親族にも引き渡されず埋葬された。

愛知県の空襲犠牲者は、一万三〇五一人が判明しており、名古屋の人的・物的被害は、広島・長崎を別として、東京・大阪に次ぐものであった（『愛知県の歴史』参考）。この間、戦場に駆り出された浜島の学友たちは相次いで戦死した。

昭和一九年一二月七日午後一時三六分、三重県の尾鷲沖を震源とする、震度五、マグニチュード八・〇の大地震が中部地方を襲った。愛知県内の被害は、死者三六八人（約半数が半田市）、全壊家屋一万五八一〇棟に上った。名古屋市では都市の機能がマヒし、臨海部の工場も大打撃を受けた。この際、中島飛行機と三菱航空機の工場で被害が大きかったのは、工場が紡績工場から転用されたとき、隔壁や屋根の支柱を取り除いたため、建物が瞬時に倒壊して、多数の作業員がその下敷きになったからであった。

震災の復旧も進まない翌年一月一三日午前三時三八分、今度は三河の日間賀《ひまか》島付近を震源とする震度四、マグニチュード七・一の三河地震が、追い打ちをかけた。被害は幡豆《はず》郡・碧海郡に集中し、死者二〇〇六人、建物の全壊一万六五三一棟であった。しかし、二度の地震被害は厳しい報道管制によって、新聞報道は厳禁となり、県以外にほとんど知らされることがなかった。浜島は、口外しないとの条件で震災の惨状を陸軍幼年学校の士官から聞かされた。愛知県の陸軍責任者は「震災の被害は実に軽微だった」との虚偽の見解を示し、新聞は「決戦に震災が何だ。必死に増産に当たれ」と声を合わせた。戦争の継続だけが目標とされるもとで、痛ましい犠牲者は増え続けた。昭和二〇年八月一五日、愛知県内各地が廃墟と化した中で、遅すぎた敗戦の日が訪れた。戦いが終わって、昭和二二年の夏、再び東海地方は大干ばつに襲われた。

昭和二二年の大干ばつと久野庄太郎

昭和二二年（一九四七）夏、東海地方は大干ばつに襲われた。知多郡八幡《やわた》村（現知多市八幡町）の農業久野庄太郎は、猛暑となった八月一日から一六日まで、自分の田、他人の田の区別なしに昼夜兼行で水汲みの労働奉仕を続けた。久野は水を汲み上げる発動機とポンプそれに一三〇メートルぐらいの長いホースを所有していた。彼は、池でも小川でも、水源さえあれば汲み続けた。働き盛りの男が戦死した家、未亡人の家、働き手のいない気の毒な家の水田を巡っては頼まれるままに水を汲んだ。発動機用のオイルは配給制である。彼は次の田へ、さらに別の田へと道具を移して汲んで回った。彼がいないと機械が故障するので、三度の食事も家から運んでもらって汲み続けた。夜は機材を置いた小川畔に筵《むしろ》を敷いて、ごろ寝して夜を明かした。

それでも雨は降らない。段々と小川の水もこと切れてきたが、内橋の下の溜まり水を夜通し汲

庄太郎と妻はな（久野家蔵）

み上げていた。夜が明けたのも知らずにガラスの小《こ》灯《ともし》、燭立《しょくたて》（ろうそく）をそのままにして樋門にもたれて眠っていた。何やら音がするので目を開いたら、六〇歳くらいの婦人が久野の前に座って「米を三〇〇円でも買いますよ」と合掌していた。名鉄常滑《とこなめ》線の早朝一番電車で降りる客は、汚いモンペ姿の買い出しの行列だった。一升（一・八リットル）二〇〇円が普通の闇相場である。敗戦直後の悲惨な世相であった。国民は売り食いの「たけのこ生活」を強いられた。

もうどこにも水がなくなって一五日目には引き揚げた。髭が伸びて、油煙だらけの彼を見て母よしは笑った。ホースは折り目から穴があいた。九月上旬にはようやく雨が降ったが、一般農家の稲はほとんど無収穫だった。一番よく水を汲んだ久野の田はどうにか実った。汲んでやった人の田も、半作の実りはあった。いくら農耕を改良して働いても、水がなくては何ともならない。今度こそ迷わず用水建設運動をやろうと彼は決心して昭和二三年の春を迎えた。久野は四八歳だった（昭和一三年一〇月一一日、中国応山県千河湾において、末弟善次郎が戦死した。まだ戦死は稀なころであったので、戦闘状況や遺品も十分に遺族に届いた。末弟の戦死も、長男庄太郎を用水運動に挺身させる大きな要因となった。後述）。

農民久野庄太郎の歩み

久野庄太郎は、明治三三年（一九〇〇）一一月一五日、知多郡八幡村字中島（当時）の農業久野彦松とよし夫妻の長男として生まれる。明治四三年三月、愛知県知多郡八幡村立八幡小学校修了（四年生で修了である）。同年四月、家事の農業に専念し、有畜農業（主として畜力、有機質肥料利用）に取り組む。「半田農地開発事務所、開所四五周年記念」の「人物半田農地誌」にはこう記されている。貧農だった久野の少年から青年時代の苦労は並大抵のものではないが、その大半が干ばつによって強要されたものである。「私には学問も金の才覚も徳もない。ただ一つだけからだがあります」（『躬行者』）。「わしは百姓だ。百姓だ」。久野の成人後の口癖であった。彼には生涯忘れられない少年時の苦難があった。小学校三年生のとき、三河万歳に一年、一〇円で「買われ」子役をつとめたのだ。自家が貧乏で食を減らすためだった。早くも人生の荒波に突き落とされた。

農耕する久野（戦前、久野家蔵）

「私は尋常小学校三、四年の時、中野錠助という先生に教わった。先生も余程物好きであられたらしい。うすぎたない貧乏百姓の小倅《こせがれ》の私を、どう思ってか可愛がられた。夜は自宅へこさせてお駄賃を呉れて坐らせたり、復習させたり——私の村は貧村で、百姓は冬の仕事がない。藁《わら》細工と出稼ぎで、石工《いしく》、鍛冶工、土工（くろ鍬）等。外にお正月には万歳という冬期の出稼ぎがあった。その頃、村の人の七、八割は出た。私の母は『手代（年季奉公）、万歳（農閑期出稼ぎ）、どちらか選んでよい方へ行け』と言われた。私は一一歳の頭《かしら》で、万歳を選んだ。

春になれば帰って来て秋まで父母と一緒に暮らせると思ったからです。遂に百日間を、金一〇円で売られて行くことになった。早速万歳の稽古をせねばならぬ。従って中野先生の復習は止めねばならぬので、お断りに行った。先生は秋過ぎて桑畑の井戸で水を汲んでおり、何とも言われず、ジーッと私を見つめておられた。やがて赤い眼から大粒の涙をポロリと落として、いつもの様に静かで落ち着いた小さな声で『庄太郎や、気をつけて行って来いよ』。私も先生の涙を見て、何がなし悲しかった。勿論《もちろん》、先生の涙の訳は解らない。中野先生はその頃二五、六歳だったろう。母思いで信仰が深く、月給とりには似つかわしくない大きな仏壇に回向《えこう》された。万歳なんかに出ていては村はよくならぬ、

一、万歳をやめよ、と言えぬ、経済のこと

二、可哀そうにこの子も万歳で一生を損なうのか

一種の思想家でもあったらしい先生の脳裏には、かような思慮が巡ったであろう。（以下略）」（久野『躬行者』）

八幡（知多市）、横須賀（東海市）では、江戸時代のころから太夫と才蔵が演じる万歳が盛んで、農閑期の出稼ぎとしていた。万歳に出掛ける人々を乗せた臨時列車が大府駅から出るようになり、こ

れを「万歳列車」と呼んだ。八幡・横須賀・加木屋（東海市）そして大府市域の人々が、これに乗り込んで東京方面へ向かうのだった。

万歳は特定の家での檀那場《だんなば》万歳と流浪のいわゆる門付《かどづけ》万歳に分けられる。大府地域から出掛けた人々は、そのほとんどが比較的簡単にできる門付万歳を専《もっぱ》らにした。これは烏帽子《えぼし》、素襖《すおう》姿で扇子を持った太夫と大黒頭巾《だいこくずきん》をかぶり、鼓を持った才蔵とが一組になって、家々の玄関先でおもしろおかしく万歳を演じるのである。万歳師の多くは一月八日か九日には出稼ぎを終えて帰宅した（『大府市史』参考）。

第二章

決断と出会い

畢生《ひっせい》のライフワークへの道

篤農家久野庄太郎

〝知多の農民〟久野庄太郎の人生は、刻苦勉励のそれ、「たたきあげ」のそれであった。愛知用水をライフワークとした男の一人が歩んだ道は難行苦行の連続であった。彼は大正末期から昭和初期の青年時代に、貧農の副業として荷車引きをした。体力任せの「運送業」である。月に一五回、つまり一日おきに知多郡八幡村（現知多市八幡町）の自宅から名古屋市通いをした。前日までに預かった荷物を車の荷台に載せる。朝食と用便を三〇分で済ませてから、世間が寝静まった午前二時に出発する。当時はまだわらじがけだった。母よしは提灯《ちょうちん》を持って村はずれまで必ず送った。その提灯を受けとって車に付けて出掛ける。よしは、夜空にこだまする車輪の響きが聞こえなくなる

久野の日記（青年時代から書き続けた、久野家蔵）

まで、提灯の火が見えなくなるまで闇に立って見送った。暗闇が男をのみ込んだ。

二二キロのでこぼこ道を北に向かって歩き続ける。朝日が昇ると、車を止めて手を合わせる。六時間かけて朝八時までに届け先の店に着く。極寒の真冬も猛暑の夏も、また雨でも風でも、一七〇キロから一八〇キロの荷物を大八車で、三年間運び続けた。彼は、この「運送業」を手掛けてから冬場の出稼ぎをやめた。農業以外に「自前の仕事を持った」との喜びを感じた。その後三人の弟たちも参加した。母よしはどんなに夜遅くても、息子が無事帰るまでは火の気のない火鉢のそばに坐って待っていた。

久野は別の冬場の副業にも取り組んだ。昭和初めから二五年間、自宅から約一キロ西の海岸に行き、極寒の海水に浸って海苔《のり》の採取をした。夜間潮が引く時があり海苔採りは真夜中での作業も珍しくなかった。ゴム靴やゴム手袋はなかった。また働く仲間も少なかったので、少数の同業者たちとミゾレの夜の海で稼いだ。手足の感覚がマヒした。

昭和一〇年（一九三五）二月一一日、久野庄太郎と父彦松は親子そろって篤農家として、愛知県知事篠原栄太郎から産業功労章を受章した。同県で初の農民の受章だった。表彰状には「農業経営の改善と農家の子弟の教養につとめた」と記されていた。たしかに、久野の農場には各県の青年が実習に訪れて農作業や家畜の飼育に汗を流した。昭和五年からは朝鮮教育会の委託を受けて、毎年朝鮮半島一三道を二分して各道一人ずつ青年が実習に来ていた。研修は一年間だった。

父彦松は「俺は田んぼの中で往生する」と公言するのが口癖だった。久野家は宗教心（仏教信仰）の厚い家系でもあった。

◆

農民久野は自らに課した「思い切りの哲学」を語る。
「戦争前後の私は暑さなど関係なく働いた。真夏の田の草取りなどは暑くても午後二時には必ず作業にかかった。無風の午後、農道は焼けてはだしでは歩けぬほどの炎天下です。家を出るのが嫌だけれども、そこは又『思い切りの哲学』を用いて編み笠姿で水田に入る。田水は煮え湯のようで足首が焼けただれる思いです。たちまちにして作業衣は絞るほどの汗、他人には命知らずの様にも見えようが、かえって本人は一旦汗に濡れてしまうと、腹が決まってしばらくは楽になります」（久野『躬行者』）
「若い時の勤労の賜物《たまもの》だ。私どもの勤労は歓喜の勤労ではない。貧乏から出発したやむを得ない勤労である。即ち働くか死ぬかの背水の陣から働く癖になった勤労だ。金銭のためではなく、休んでいる事が嫌いで走っている方が楽なのです」（同前）

末弟、戦場に散る

　昭和一三年一〇月一一日、末弟善次郎が中国応山県千河湾の戦闘で戦死した。久野は戦死の情況が分かるに従って悲しくなってきた。戦死者を出さない家庭には理解できない口に出せない悲哀の情である。弟が戦死したからといって、政府・軍部を批判したり、世間に涙を見せてはならない時代であった。父彦松は、わが子の遺骨を万歳で迎えた。ついに泣かなかった。母よしは、善次郎が出征後、一年一二か月間、雨でも雪でも神詣でを休まなかった。母は悲しんだが、涙顔は見せなかった。末弟は、新妻に三か月の胎児を残して出征した。その後、無事男児が生まれたので、庄太郎は写真を送ってやった。遺品として、送り返された軍隊手帳の中から、その写真が出てきた。庄太郎は「ああ、彼も人の親だ」と思って悲嘆に暮れた。

　彼は「〈平和の願い〉」（『躬行者』）で強調する。

「私の脳裏には、弟の勇ましい戦死が、いまも映る。弟は、いよいよ死ぬと覚悟した時には、きっと故郷を思ったであろう。父のこと、母のこと、わが子とのことを思って、逝《い》ったであろう。私は秘かに泣いた。嫁は家族会議の結果、かわいそうでも生家に返すことになった。夫に戦死され、またわが子と別れて行く彼女の心中を思うと、断腸の思いであったが、その時、十九歳であった彼女を、止めておくことは出来なかった。家族にも、悲しい戦いであった（その後彼女は再婚したが、その夫もまた戦死した）。四歳のわが子を父母に渡して、一歳の赤ん坊を、われわれ夫妻が受け取って、育てることになった。妻はよく育てた」

「私も弟の戦死によって、人生観が確立したように思う。その刺激によって、用水運動に踏み切ることができた。その過程において、いくたびか困難にあったが、いつも戦死した刹那における、弟の心境を思った。必ず犬死はさせぬ。おれも戦死する、と」

◆

久野は終戦後間もなく昭和天皇の前で〝御前講義〟を行っている。

「私は、昭和二一年一〇月天皇陛下が愛知県においでになった時、安城青年学校において農業のことについて御前講演をする光栄に浴した。一五分間話すことになっていた。敗戦直後のこととて、我々には陛下が神様の様に思えている時代である。私の緊張は一通りではなかった」

「一五分間は敬語の作文の暗誦でどうやら済ませてきたが、陛下の矢継ぎ早の御下問で、肥料や飼料についてお答えしようとした時には、もうすっかり敬語の種が尽きてしまった。仕方が無い。『はい、闇でやります』。陛下はちょっと不審な面持ちで『闇とはどういうことか』と再度御下問された。私はいよいよ困った。遂に完全に百姓言葉になってしまった。とにかく御理解はいただけたと拝察した。最後に陛下が『この上ともどうぞしっかりやってください』と頼まれた。耐えきれなくて泣いた。御前を退いて廊下に出た時、全身汗だった。『ああ俺は（愛知用水を）やるだ。やらんでおくべきか』と決心した」（同前）

久野は退路を断った。昭和二二年九月、関東地方と東北地方はカスリーン台風の直撃を受け未曾有の大水害に見舞われた。大洪水が関東平野をのみ込んだ。翌二三年はアイオン台風の襲来をうけ再度大水害となった。だが東海地方は干害に苦しめられたままだった。

揺るがぬ決断

昭和一九年、二二年の大干ばつと敗戦を経験した久野は、いよいよ用水建設の運動を開始した。末弟善次郎の遺影を肌身離さず胸の内ポケットに入れていた。知多半島の農民が「夢の用水」を渇望し始めたのは、遠く徳川時代にさかのぼるが、久野が水源として木曾川の水に頼る構想をしたのは、明治末期に知多郡冨貴村（現武豊町）に住む元村長森田萬右衛門《まんえもん》（一八五二－一九三四、地元では「マンネンさ」と愛称される）が「碧海郡に明治用水があるように、知多郡にも木曾川から用水を導きたい」と提唱した逸話を聞いて感銘してからだった。万右衛門は、知多郡冨貴村の農家に生まれた。幼少のときに村の円観寺の寺子屋で二宮金次郎（尊徳）の報徳思想を教えられて心打たれ、世の中に役立つ人間になることを誓った。三七歳で村会議員になったとき、彼は海を田に変える干拓計画を公表する。最初は誰も相手にしなかったが、彼は綿密な計画を立てて熱心に村人を説得して回り、ついに議会を動かして「森万新田」とよばれる新田の開発に成功する。万右衛門は新しい

森田萬右衛門の像（武豊町）

農業の方法も積極的に取り入れた。「短冊型なわしろ」である。それまでの「べたまき」に比べると格段にすぐれた農法だった。

◆

久野庄太郎は昭和二三年五月から三か月間、用水について地元の農村を中心に精力的に説得に回り運動の基礎を固める。まず「農聖」と敬愛されている師山崎延吉《やまざきのぶよし》を安城市の自宅に訪ね助言を乞《こ》うことにした。山崎は毎年五月五日、愛知県内の篤農家を集めて作った「研農会」の有志に、農業の計画、農業の方針等を語る「つつじの会」を主宰していた。この年の会合に出席した久野は、期する所があって、やや緊張気味に参加者の話を聞いていたが、山崎の話が終わったころ、やおら立ち上がった。

山崎延吉(学校長時代)

「今日は私の一生の決心を話したいと思いますので、よく聞いてください。私は今日限りに農作業を家内に任せて、木曾川から知多半島への用水実現に専念したいと思います。もちろん大事業で、私一代では日の目を見ないかも知れません。あるいは出来なくて、後世の笑いの種となって死んでいくかもしれません。私は今四九歳です。親父が六九歳で死にました。私の定命《じょうみょう》が六九歳として、今から二〇年間命がけで運動をして、用水の幅杭でも打って頂ければ満足して死んで行けます」

彼は決意を語った。

「それは大変難しい仕事だ。とても出来る仕事ではない」。「明治用水の先駆者都築弥厚《つづきやこう》さんが失敗したように、君はその二の舞となる。止めた方がいい」

参加者（農民同志）の多くは先行きを心配し断念するよう説得した。久野を「空想的理想主義者」と見なしたのだろう。

山崎は長い髭をひねりながら毅然として語った。

「久野君、男子が一旦決心したからには、やるがよかろう。吾輩も長年にわたって各地の農業経営改善を指導してきたが、用水を造って経営改善を図ることは考えてもみなかった。しかし大事業である。しかるべき専門家に技術的に可能かどうかを聞いてみる必要がある。技術的に可能性があるなら、吾輩も余生を傾けて協力しよう」

これに優る激励はなかった。久野はこの忠告に従い、翌日名古屋市内の農林省（当時）京都農地事務局名古屋建設部に部長遠藤虎松を訪ねた。「それはまず県に相談すべきだ」との返事だった。さっそく、愛知県農地部長宮下一郎に面会した。「技術的可能性は十分にある」との答えだった。久野の報告を聞いた山崎は「よし、やろう」と決意を示した。山崎は白髪の混じる髭をねじり付け加えた。

「用水運動にかかわる者は、母親が赤子のおむつを取り替えてやる様な気持でおれ。母親は不浄物を少しも不潔と思わず取り扱う。世話をさせてもらって心から満足している。これが世話人の心得だぞ」

久野は日焼けした顔を緊張させて深くうなずいた。

◆

山崎の「愛知用水論」(『我農生・山崎延吉伝』(非売品))から引用する。

「山崎延吉は愛知用水の完成を見ずにこの世を去ったのであったが、いつも夫人や周囲の人々に『わしは一生涯農民運動のために働いてきたが、愛知用水をつくるというようなことには気付かなかった。本当に農民を具体的に助けるという、こんないい事業があることに気付かなかった』と口癖のように言った」

「延吉は『昭和の義農』(昭和一七年刊)の中で『彼(久野)は信ずる所を述べるに権威を恐れぬ、よい事を断行するためには身分も論ぜぬ、誰でも口約束では満足せず実行を期する』義魂の人であると、久野庄太郎のことを書いたことがあったが、久野にしてみれば師・延吉の教えを自らの行動によって実現したにすぎなかった。延吉は愛弟子《まなでし》の久野や浜島のこうした事業の計画を我がことのように喜んだに違いなかった」

農民教育家・農政家である山崎延吉(一八七三-一九五四)は、金沢市の下級士族の家に生まれた。明治三〇年(一八九七)東京帝大農科大学農芸化学科を卒業し、福島県立蚕業学校などの教師を経て、三四年新設の愛知県立農林学校(のちの安城農林学校)校長となる。農事試験場長、農事講習所長なども歴任した。三三年『農村自治ノ研究』を著し、「国家を興隆させるためにはまず地方自治体の繁栄を考え、その根である農村の振興に力を注がねばならぬ」と『教育の社会化』を唱え、自ら全国を行脚してまわった。明治四三年(一九一〇)日英博覧会の際ヨーロッパの主要国を訪ねる。各地で協同組合や地方改良事業などを視察・調査する。帰国後、その体験をもとに、全国篤農家懇談会を開き、産業組合、農事講習などの普及に努めた。同時に農作業の協業化、品種改良、技術改良、多角経営などにもつとめ、ヨーロッパの実利主義、合理的経営から学んだ農業経営を説くとともに実践した。愛知県碧海郡地方(現安城市・刈谷市・豊田市南部・知立市・高浜市・碧南市・西尾市・岡崎市ほか)は、山崎の指導により『日本のデンマーク』と呼ばれ、先進的模範的農業地帯として知られた。

彼は疲弊する農村地帯の農民を鼓舞する目的で、「農は国の基《もとい》たる」自覚を持たせようと「農民道」を説いた。大正九年(一九二〇)帝国農会の主席幹事に就任し各方面で活躍する。昭和三年衆議院議員に初当選した。翌四年三重県石薬師村(現三重県鈴鹿市)に『我農園新風義塾』を設立し、数多くの農業の中核的担い手を育てた。戦後は昭和二〇年末に東海毎日新聞社長、二一年貴族院議員、二三年から愛知用水建設計画に参加した。「昭和の二宮尊徳」「農聖」と愛知県の農民たちから慕われた。『山崎延吉全集』がある。

宿命の巡り合い

昭和二三年七月一八日は日曜日だった。安城農林高校教員となった浜島辰雄は、大府町（現大府市）桃山に住んでいた。日曜日でも朝早く起きる彼は、新聞配達人から中部日本（現中日）新聞朝刊を受けとった。居間に戻って紙面に目を走らせた。「尾張版」の記事を読み進むにつれて、彼の新聞を持つ手が震えてきた。「私と同じことを考えている農民がいる！」。三二歳の彼は興奮し、心臓の高鳴るのを覚えた。記事の全文を引用しよう。

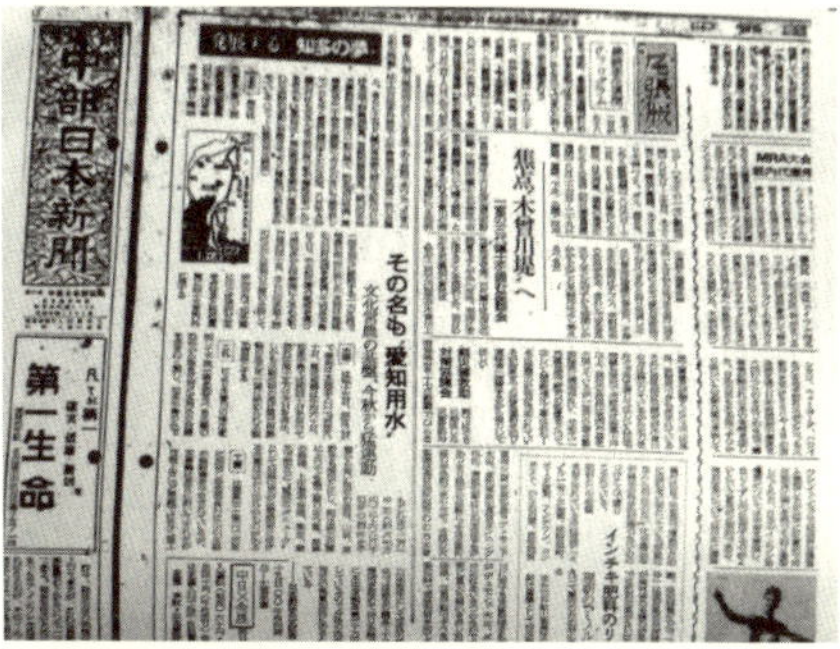

中部日本新聞（尾張版、愛知県立図書館蔵）の記事。浜島と久野を結び付けた。

「**〈発展する知多の夢〉**、**〈その名も〝愛知用水〟〉**（以上見出し、以下原文のママ）、**〈文化農営の基礎、今秋から猛運動〉**（以上小見出し）

永い間の尾南（尾張南部）地方民の大きな夢であり悲願であった〝木曾川の取水問題〟は十三日知多高農校での半島農民大会満場一致の決議と、さらに十五日八幡町篤農家久野庄太郎方における宮下県農地部長、宮崎同農務課長、森山知多地方事務所長、深津玉一郎代議士、同郡選出県議、篤農家など二十余名の懇談により、このさい万難を排して一日も早く実現に乗り出すことに決定、八月早々沿線町村はもちろん各方面の有力者や権威者を一丸にその名も〝愛知用水〟期成同盟会を結成し、尾張を中心に全県的運動に発展させようと積極的な動きを見せている（カット絵は愛知用水図）。

『その』用水は水源を木曽川上流の岐阜県可児郡兼山町に取水口を築き文字通り尾張一国を南北に縦断する一大水路で、美濃の南部に発した本流は尾張北の山村地帯を貫流して知多半島に入り、中央部丘陵の尾根を伝って南知多から伊勢海に入るもので、行程約四十里、さらに知多郡上野町付近から南東の丘陵に分岐して半田市内で知多湾にそそぐ支流五里を合わせると総延長実に四十五里内外（百八十キロ）に達する。

『水路』は幅十五メートル、深さ二メートルで、標高は本流取入口で海抜八十メートル、尾北地帯は平均六十メートル、知多半島では同四十メートルを保って流れ年間十五万立方メートルを

用水運動を始めた浜島（愛知用水土地改良区蔵）

通水、しかも水路両岸の堤は尾三伊勢路の風光を一望に納められる観光道路とする。
『これ』により木曽川の増水を制して下流一帯を恐るべき水禍の恐怖から除き、反対に本用水の沿線をあまねく潤し、知多半島のみでもこれまで一万一千石（約六千万円）に上った八千町歩の稲作を干害から救い、現在の溜池、山林、原野をも美田と化し、配水網の完備によって各種工業のぼっ発、酪農の発達、上水道や保健、衛生、観光方面など〝尾張のダニューブ（ドナウ）〟として沿岸住民が直接間接に受ける恩恵ははかり知れぬものがある。

『工費』は概算三十億円で国営に期待し、受益者負担は小引水路の開設費を予定されているが、本事業は長さにおいてまれだが、技術上はさほど至難ではなく着工以来数年にして完成可能で、中央では過去の調査で十分国営の価値を認めており本県でもすでに本年度調査費三十万円を計上しているので、今後の成否は一に地元の熱意如何《いかん》にあるといわれている」（記事に適宜句読点を入れた。同紙の紙面片隅には二十人余りのシベリア引揚者の名前が報じられている）

記者のペン先にも熱意がこもっている。浜島は文中の「久野庄太郎」なる篤農家にすぐにでも会いたいと心が急《せ》いた。実は、浜島は久野の人物を知っていた。前年全国の農民らから希望者を募って安城農林高校で開催された夏期大学で、久野は「多角的農業経営のあり方」を講演した。これが大きな反響を呼んだ。勤務先の農林高校は間もなく夏休みに入るのである。

久野と浜島（初対面の頃、浜島家蔵）

◆

翌日七月二一日は朝から快晴だった。浜島は旧式のポンコツ自転車をこいで知多郡八幡《やわた》村（当時）の久野家を訪ねた。縁側で機織りをしている上品なお婆さん（庄太郎の母よし）に声をかけた。

「私は安城農林高校の教師・浜島です。用水のことで、庄太郎さんに会いに来ました」

「庄は、山崎先生の所に呼ばれて行きました。いつ帰るか分かりません。どうしましょうか」

「私は大府に住んでいます。ここから近いのでまた伺います」

浜島と久野の家には電話という連絡手段はなかった。二二日にも訪問したが、久野は県庁に呼び出されているとのことで、家にいるのはお婆さん一人だった。お婆さんは恐縮した様子で語りかけた。

「明日は必ず家にいると言って出かけました。うちの庄は悪い子で、自分一人で遊べばいいのに、連れを作って遊ぶんで困ります。あんたも遊ばれてしまうから、うちの庄の連れになりなさんなよ。うちの庄は何にも知らん癖に用水のことを持ち出して困っております」

母よしは浜島が教師であることを理解せず「大府の若い衆」と呼んだ。

二三日、朝九時ころ浜島は久野の家に着いた。イモ畑で肥料を施しているとのことで、畑に出向いた。麦藁帽子を目深にかぶった久野は、浜島を見つけるとイモ畑から走ってきた。日焼けした顔に笑みがこぼれた。二人は真夏の陽光が照りつける畦道に腰をおろした。浜島は語りかけた。

浜島（左）と久野（尾張富士山頂で誓う、『愛知用水と不老会』）

「私も木曾川からの用水確保を研究しているものですから、久野さんの計画を知りたくてうかがいました」

「私は百姓です。ただ水が欲しいだけです。良い計画があったら教えてください」

「久野さんらの新聞記事を見て飛んできたのです。現地を訪ねてみませんか。私が作った古い用水用の地図を持って行きます。用水計画の起点となる尾張富士にも登りましょう。早速明朝、出かけましょう」

農民と教師は一六歳の年齢の差を超えて意気統合した。翌朝から二人は腰弁当をぶら下げて実地調査に乗り出した。愛知県犬山市南部にそびえる霊山・尾張富士（標高二七七メートル（国土地理院・二七五メートル））に登り、地図を手掛かりに用水予定地域を確認しあった。期待はふくらんだ。

第三章
「愛知用水」と命名
あくまでも農民運動として

農民が結集

久野庄太郎と浜島辰雄が宿命的な邂逅《かいこう》をする以前の久野らの動きを追ってみる。

昭和二三年（一九四八）六月二五日、愛知県知多地方では田植えの繁忙期だった。だが農民たちの一部は〝夢の用水〟早期実現に向けて結束を固め始めた。久野家の鍬頭《くわがしら》（農家の家長）庄太郎は東奔西走して農作業には見向きもせず、妻はなが一切をとり仕切っていた。このため久野の自宅では会合が開けなかった。肩身が狭かったのである。やむを得ず、久野の知り合いの旭屋魚店の二階を借りて会合を開き、久野は用水計画を開陳して意見を求めた。会合の経費はすべて久野持ちであった。参集したのは、木曾川導水計画発起人久野庄太郎、愛知県耕地課調査係長三好富雄、愛知県農業会知多郡支部事務局長田村金平、同次長明壁京一《あすかべ》、久野庄太郎私設顧問緋田工《あけだたくみ》の五人だった。田村は郡内の農業指導機関の要職にあり、用水構想に全面的に賛同した（『愛知用水と不老会』参考）。

席上、決定された事項は、
① 田植えが終わったら、農村同志会の総会を開き、同志に用水建設を訴える。
② 半田市長（森信蔵《もりのぶぞう》）に運動の中心となってもらうことの了解を得る。
③ 農業協同組合（農業会）に協力してもらうよう訴える。中心人物は半田市農会長渡辺鎌太郎である。
④ 郡町村に運動の中心母体になってもらうよう訴える。知多郡町村会長は武豊町長中川益平である。
⑤ 以上の結果をもって、県・国会議員に働きかける。
会合の最後で、久野は「余談だが」と言ってあるエピソードを語った。

久野家正門に建つ愛知用水発祥の碑（知多市）

◆

「恩師山崎延吉先生の紹介で、愛知県知事室秘書の米久保喜雄氏と戦前に面会した時でした。私が三〇歳頃でしたが、同氏は『百姓でも本を読め』と二宮尊徳の『報徳要典』を渡され、『この本をお坊さんがお経を読む様に繰り返し読んで暗記せよ』と言われた」

久野は話し出してから真剣な表情をつくった。

「愛知用水をやると決めた時、米久保さんにも報告に行った。氏は慎重に私の話を聞き、『良い事業だ、やるが良い。君の偉大なる人生の旅の門出に餞別をあげたい。貧しい老生のはなむけはこれだ』と言って次のような話をした。

天和、寛永年間（江戸初期）に鉄眼和尚という名僧がいた。早くより『国訳大蔵経』の編纂の必要を痛感していたが、ばく大な資金がいる。この調達が難しいため、長い間行き詰っていた。己《おのれ》の心境は進むし、時機は過ぎるし、もうどうしても延ばせないということになって、ある日京都の清水寺に祈願をこめた。結局他人に頼っても資金は出来ない。自ら托鉢をして資金を集めようと思い立った。ちょうどその時、近江《おうみ》街道を東に行く旅の武士があった。そうだあの武士に頼もう、と思い追い付いて声をかけた。『国訳大蔵経』を編纂したいが資金がない。どうぞ応分の御寄進を頂きたい、と土下座して頼んだが、武士は振り向いて鉄眼に一瞥《いちべつ》を投げただけで言葉もなくさっさと歩いて行く」

「こんな痩せ浪人に何が分かるかと思ったが、『いやそうではない』と思い直して、追いかけて何べんでも頼んだ。しまいには武士も怒って『うるさい』と怒鳴って去った。鉄眼はもう諦めようかと思ったが、さらに心を励まして追いかけ追いかけて遂に井関越えして、三井寺が見えるまでも頼み続けた。さすがの浪人もとうとう往生して、『しぶとい坊主だ、それっ』と言って三文を投げつけて行った。旅浪人の後姿を見送って三文を押し頂いた鉄眼は、にっこりして『うん、おれも相当な者だぞ。よし『国訳大蔵経』は出来るぞ』と叫んだ。即刻托鉢の旅に出て遠く九州地方にまで杖を引いた。やっと予定の資金が出来て、上京を急ぐ途次、たまたま中国地方で大飢饉があった。路傍に死体が横たわっているむごたらしい有様を見て、『『国訳大蔵経』も大切だが、生仏を救うことが先決だ』と長年の苦心による募金を投げ出して救助した。再び無一物となり振り出しに戻って諸国を行脚した」

「苦心の托鉢によって予定の資金を調達して大坂に出たところ、難波（現大阪）の地はその時ものすごい疫痢の流行で酸鼻を極めていた。またしても捨て置きがたく、苦心の募金を投げ尽くした。三度托鉢の苦心を重ねてようやく集めた資金を以て、遂に今日ある『国訳大蔵経』を編纂した。『愛知用水はこれに匹敵する大事業だと思うが、このくらいの覚悟はあるか』と言われた。私は言下に『ある』と答えた。強情な返事だと思うがその時の気合で答えたのです」

話を聞き終えた参加者から拍手が沸き起こった。

半田市長森を会長に

用水運動の事務局長を自任している田村金平は、半田市農会会長渡辺鎌太郎に了解をとって、久野と一緒に半田市長森信蔵を訪問した。二人は会長就任を要請した。知多半島がかかえる行政上の課題は当時唯一の市である半田市が中心となって町村が団結して協議を進めるならわしとなっていた。森は旧家に生まれ地元の成岩小学校から東京の私立麻布中学に入学した。その後、アメリカに単身渡り、カリフォルニア州の大学を卒業したのち、日本字新聞の記者を四〇年間にわたって務めた。日米関係の緊迫化に伴って昭和一〇年に帰国し市議会議員に立候補して当選した。戦時中、アメリカのスパイではないかと、誤解されたこともあった。それほど彼の英語は流暢《りゅうちょう》だった。終戦を迎えて、アメリカ軍が半田港に日本軍の軍事物資を接収に来て「関連物資はすべて燃やす」と通告した際、「日本は空襲で破壊されて何も残っていない。物資を燃やさずむしろ提供して欲しい」と司令官に面会を求めて英語で直訴した。戦後、市長に立候補して当選し、米軍占領下での知多半島における日米間の交流に尽力した。

森信蔵半田市長（初期運動リーダーの1人）

久野と田村は、木曽川から取水する用水計画を説明し「建設運動の会長をぜひお願いしたい」と頭を下げた。森は大きくうなずき「アメリカでは西部の乾燥地開墾のためにフーバーダムなど大型ダムを建造したり、インペリアル渓谷《バレー》を開発したりしている。日本復興のためには、まことに時宜を得た計画である」と二人を激励し用水運動の先頭に立つことを快諾した。武豊町長中川益平も副会長になることを引き受けた。

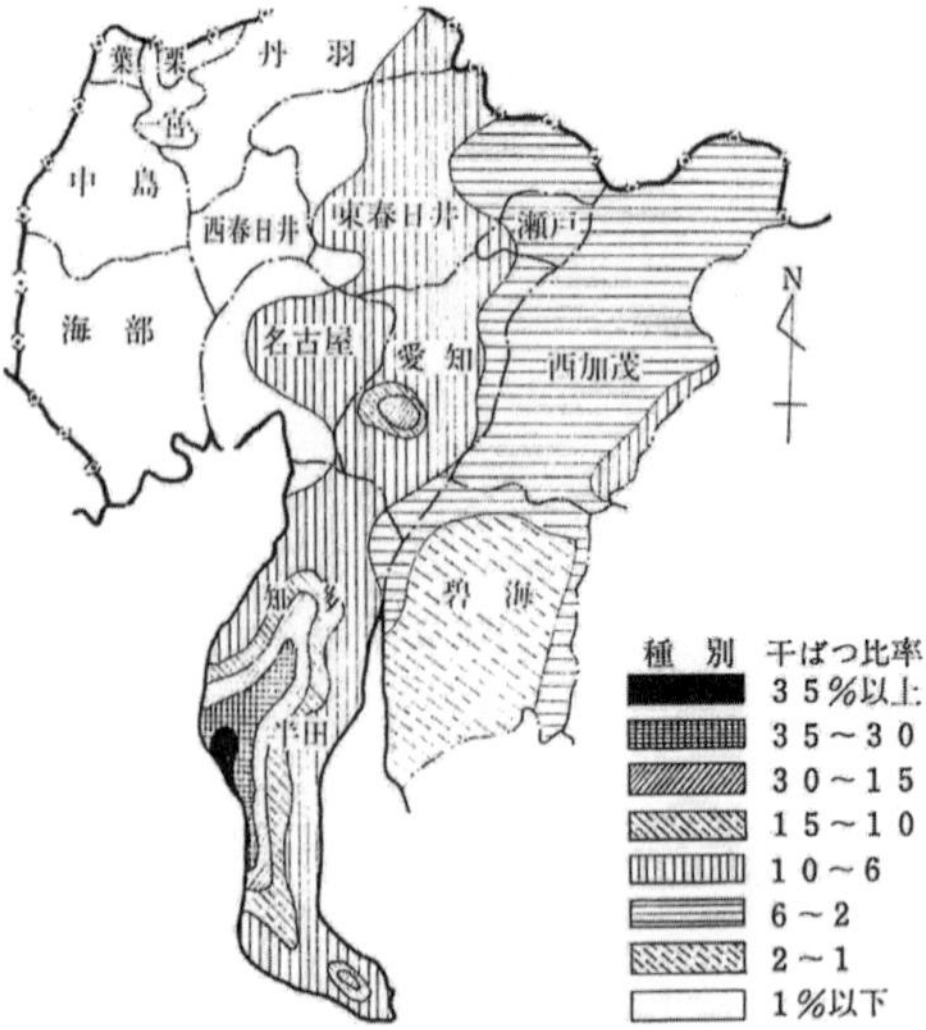

尾張・三河西部の常襲干害発生地帯（『愛知用水史』）

道端の草

「道端の草は踏まれても枯れない」（『躬行者』）。

久野はこう手帳に記した。

自著『躬行者』で彼は熱意を語る。

「〈農村同志会をつくる〉

農業用水が欲しい余りに、愛知用水の着想はしたが、この事業が一体どのくらいのものであるかというようなことは、考えなかった。昔の人が軽口に言った。『素人《しろうと》と大風は恐ろしい』とか、全くその通りである。

しかし、私どもは他の事例を聞いているから、この用水が自分たち一代で完成するものとは思わなかった。（中略）東尾張の農民は、水に窮していたので、心ある人々は我々の誘いを聞いて、響きに応じるように、この運動に参加された。そこで、また考えた。

古言に『民を使うには、時を使え』とか、まことにその通りで、農民運動をするには、農閑期に限ると思ったから、五月、六月の農繁期中に用意して、指導者の会を開いた。

我々は何の能力もないが、良いと思ったら実行する癖がついていた。それは百姓だからです。百姓は、どんな小さくても他人の指図を受けないで自分の仕事をする習慣があるからです。そこで田植え後、昭和二三年七月、知多郡武豊町、稲荷神社において、知多郡農民同志会を開いた。出席した農民の意気は盛んであった。異口同音に水が欲しいと言った。私は天機到来だと思った。この機を逸すべからずとして、次は用水の現地において、同志の決心会を開くことを提言し、賛成を得た。しかし、用水の現場といっても、未だ用水はない。だから、用水の取入口とみられる木曽川べりの、岐阜県加茂郡八百津《やおつ》、臨済宗道場の大仙寺を会場に選んで、同志一〇四人が集まった。ここを会場に選んだ理由として、

一、同志に、木曽川を見せたかった。知多半島には川らしい川がない。五メートルぐらいの溝を川と呼んでいる人々に、木曽川と水力発電所を見せることは大きな啓蒙になるとにらんだ。

二、同志の決心を強化するために、農聖山崎延吉先生の精神講座を開く。

三、感激した心境で、将来の運動を決める。

〈期成同盟の戒め〉

わが国には古来、あてがい扶持《ぶち》ということばがあります。自ら進んでかちとろうともせず、もらえるだけもらって満足している習慣がありました。公共事業においても、政府や県が一方的に必要と見た事業を、適当と思われる場所へ勝手に建設した。これで不満はなかった。

わが国で初めてこの旧習を打破して、住民の希望によってつくられたものが、愛知用水であった。それ以来〝天降り事業〟はなくなってきた。事業の大小を論ぜず、すべて住民の努力によって

公共事業が誘致されるようになった。豊川用水の如きは、愛知用水より一足先に官許を得たが、完成は十年も遅れている。このような牛歩的な公共事業が、全国にたくさんある。なぜおくれるのかとただせば、その受益地区民の熱心さが足らないからです」(原文のママ)

同志会の初会合

昭和二三年七月五日、農村同志会の第一回会合が武豊町の駅前にある食鶏処理場で開かれた。出席者は以下のとおりである(町村名は当時)。

大府町　山口治兵　加古与市
東海村　水野源弐(農協専務)　平林利
阿久比村　山本孝平
上野村　石田季之　本田佐久治　小島正雄
横須賀町　神谷甚九郎
八幡村　久野庄太郎(会長)
武豊町　坂口善夫
常滑町　稲葉忠雄　中野三一
河和町　冨谷《ふかや》茂吉　榊原文英　橋本栄一　野田虎吉(副会長)
内海町　大岩源平　石黒新三

農村同志会メンバー（農聖山崎を囲んで、『愛知用水土地改良区五十年の歩み』）

豊浜村　山下秀夫
野間村　渡辺万吉
事務局　田村金平　明壁京一　澤田ゆき江（書記）

同志会では、今後同会が中心となって出身の町村の農家へ計画の理解を求める運動を続けることを申し合わせた。このほかに、

一、運動方針は、あくまで農民への趣旨の普及徹底をはかること。

二、運動者自身は私利私欲を離れ、清潔な運動をはかること。

三、そのため、自身の運動費は自弁を建前として、その他はなるべく篤志家の喜捨《きしゃ》による浄財に頼ること。

久野庄太郎『手弁当人生』から引用する。

「相談の結果、昭和二三年七月上旬の農休日を利用して、郡農村同志会（小生が会長）の会合を開き、

用水建設の相談をするという計画をたてた。そのとき、趣旨説明上、およそ用水の計画地帯を見ておく必要があるので、明壁君(京二)と二人で出かけたが、二人とも土木技術の知識がないので、どのへんを見たらよいかもわからなかった。が、先ず、知多半島の標高を考えて、水源地の方向へ進み、午後三時ごろ、木曾川の最下流部にある今渡発電所についた。今日にして考えれば、あきれはてたベラ棒な話であった。とにかく、私は発電所は初見参で、その壮大さに驚いてしまった。加藤所長に来意を告げたところ、所長は驚いた。あとの話でわかったが、百姓が二人、狂人のようなことを言ってきた、と言われたそうな。そこで加藤さんが言われるには『この水は発電用と、農業用の既得権があって、たとえ一升でも、他に流用することはできない』と。我々の考えでは、木曾川は大きいから、自由に水はもらえると心得てきたので、この話を聞いて、二人は棒立ちになってしまった。所長が『君達はどれ程の水量が欲しいのだ』といわれても、返答するほどの研究もない。また所長は重ねて、『用水計画もよいが、その水で発電して、アンモニアをつくり、仮に東尾張一〇万戸の農家に、アンモニア一〇叺宛《かますずつ》、公定価格配給してもらえたら、どちらがよいか』と聞かれても、二人はまた戸惑って顔を見合わせた」

同七月一七日、中日新聞のベテラン記者の一人が久野庄太郎と面識があったことから、この記者を通して、河和町《こうわ》(現美浜町)の飲食店角屋に報道各社(中日、朝日、毎日、NHKなど)の記者を招き記者会見を開いた。席上、会長久野は「用水計画に我々知多地方の農民が立ちあがった」と強調し、計画の概要を説明した。NHKはその日の夜のニュースで取り上げ、また各紙とも翌一八日の朝刊で一斉に報じた。その反響は大きかったが、その記事を読んで奮い立ったのが安城農林高等学校教員浜島辰雄であった。

「無欲の者には無欲の人がよく解る。無欲の同志は身分、学歴、年齢などを超越して、直《じき》に仲良しになる」

久野が浜島に語った言葉である。

出会った頃の久野と浜島（愛知用水土地改良区蔵）

「愛知用水」という名が良い

意気投合した久野と浜島は腰弁当をぶら下げて実地調査に乗り出した。木曽川上流に水源地を探す一方、兼山ダムから知多半島の南端までいく度か往復した。浜島が実地測量と地図の等高線を頼りに描いた幹線水路は、のちに愛知用水公団（水資源機構前身）で作成した路線とほとんど変りないほど精密な図面だった。二人は用水路を書き込んだ幅二メートル、長さ三・六メートルの用水概要図をかついで受益地帯の農村を説いて回った。

七月二七日、二人は大府―横須賀街道の加木屋入口に午前九時に落ち合った。稜線沿いに南下して調査を続けた。夕暮れ時となって一休みすることになった。久野は太い松の切り株に腰をおろして、はるかに伊勢湾が光っている八幡村の自宅の方角を眺めていた。浜島は、これから先の複雑な知多半島の尾根をどのように導水するか、現地と地図を照合していた。日は西に傾き伊勢湾が白く輝いていた。浜島は〝よしこれ以南はトンネル、サイホンで半島の真ん中を導水し、必要な部分はポンプアップすればよい〟と私案を決めた。

「いよいよ郷里まで来ましたね。この用水も間もなく図上に生まれますよ。いつまでも名なしでは困るので、久野さん、この用水の名前を付けてください」

浜島が笑顔をつくって語りかけた。

「それを私も考えていたが、『愛知用水』という名が良いと思う」

久野は命名占いに凝っている知人に相談してみるが、明日までに正式に決めると付け加えた。

浜島辰雄が後年書いた『躬行者』の「まえがき」を引用する。

「昭和二三年八月の暑い日であった。ところは、愛知郡豊明村の今の中京競馬場の付近の狭田の小道、先を行く久野さんは、例の作業服に、地下足袋、脚絆、それに頭には『同行二人』と書いた編み笠、私は古い地図と首っ引きで路線選定、私の地図に書き入れる線を見ながら、うつむいた久野さんに『同行二人』とは誰ですか、と聞いた。返ってきた言葉は、『私の影です』。私はハッとした。この自信、これだと思った。

『これは出来るぞ』と心の中で思った。久野さんに用水のことで会ったのはつい四、五日前、地図を整え、尾張富士から歩きつづけて、第一日は小牧篠岡村の伊藤告重さんの家で泊めてもらい、次の日は、県の森林公園の事務所に泊るといった風で今日で四日目。地図には、標高四〇メートルを目標に知多半島に向けて、勾配を考えながら用水路を書き込んでいった。

そこで、私は久野さんに『用水が出来たら久野さんはどうしますか』と聞いたら『用水の出来る頃には私は生きているかどうかは分からぬが、生きていれば、きっと牢屋の中で、完成式の煙火《はなび》の音を聞いていますよ』。そしてまた続けて、『用水は誰が造ったか分からぬが良いものだ。後々の人が喜んで使ってくれれば良いのだ。般若心経は誰がつくったか分からぬが、本当に良いお経だと後々の人が唱えている。それでなくてはいかん。私は用水運動をやる前までは、山崎延吉先生に教えられて丹念に日記を毎日書いていたが、用水運動をやるようになってから、日記を書くのを一切止めました。こんなことは記録に残すべきではない、どうやって造ったか分からぬ方が良い』と言ってまた歩き出した」

久野は師山崎延吉から「言うばかり　書くばかりの　世の中に　行《や》って見せる　君はみ宝」との短歌を贈られた。

夫婦ゲンカ

浜島は安城農林高校の教諭であったが、昼は久野とともに調査や説得に歩き、夜は寄宿舎に泊まって製図にうちこみ午前一時過ぎまで起きていた。寄宿舎の生徒が小用に起き、教室に灯があるので寝間着姿でのぞきに来た。浜島は一人、電灯透射台に向かって、地図の引き写しをしていた。

上＝愛知用水概要図（浜島作成・原図、愛知用水土地改良区蔵）
下＝概要図の保存箱（愛知用水土地改良区蔵）

驚いた生徒は「先生そんなにやっては……」と教師の健康を気遣った。「お前こそ、寒いから早く寝なさい。風邪《かぜ》を引くぞ」と浜島からたしなめられた。エピソードには事欠かない。夫婦ゲンカも起きた。

浜島は教職というよりも用水計画が本職のようになった。さすがに妻としゑも心配しだして「学校を優先してください。夜は早く寝てください」と頼んでも浜島は聞き入れない。ついに夫婦ゲンカになった。

妻としゑ「愛知用水の地図など書かなくてもよい」
浜島「いや、書くのだ」
妻「そんなに毎晩、夜業をしては病気になって、死んでしまう」
浜島「用水のためなら、死んでもいい」
妻「あなたが死んだら、三人の子供はどうするのですか」
浜島「もうたくさんの戦友は死んだ。戦死したと思えば、いままで生きてきただけでも、幸せだった」
妻「戦争は戦争、今日は今日です。何を無茶なことをおっしゃる。そんなら、私も無茶しますよ」
浜島「おお、何でもやれ」
妻「じゃあ、この地図を燃やしてしまう」
浜島「おお、燃やせ、燃やせ。何枚でも代わりがあるわ」
妻「よし燃やします」
妻は地図を抱えて、表庭に出て行った。やがてボーッと火の燃え上る音がした。浜島はあわてて素足のまま庭に飛び出した。見れば、地図は軒下に積んだ薪炭の上にのせておいて、そのかたわらでわらを燃やしていた。妻は飛び出してきた浜島を指さした。
「その格好は何ですか」。妻としゑは手を打って大笑いした。

第四章

天地《あめつち》の歌

農民が政府を動かす

熱血の輪、広がる

昭和二三年（一九四八）八月七日、武豊町の堀田稲荷神社で知多農村同志会が開かれた。同志会には、大府町、東浦村、有松町、上野村、横須賀町、八幡村、阿久比村、常滑町、武豊町、西浦村、河和町、内海町、野間村、豊明村（いずれも当時）から三〇人が出席した。特別出席として、山崎延吉、黒田毅（安城農林学校教師、のちに守山市長）、木村総平（美濃太田、岐阜県から特別参加）、田村金平（愛知県農業会知多支部事務局長）、明壁京一（同次長）が参加した。食糧難のため皆が空腹だった。大半が背広姿だったが、旧陸軍の色あせた戦闘服を着た者もいた。

久野は用水構想の大要を浜島作成の概要図素案を使って熱っぽく訴え、地元市町村長に強力に働きかけるよう要請した。集会後、参加者全員が稲荷神社に参拝して運動の早期成就を祈願した。この日の会合では、運動の普及活動に当たって学者や文化人のお堅い講演よりも、浪曲師を呼んで明治用水の先駆者都築弥厚《つづきやこう》の苦心談を一席口演してもらい会場の人集めに役立てたいとの提案が出され了承された(後述)。

◆

八月一〇日、浜島辰雄は安城農林学校の夏期休暇を返上して取り組んでいた「愛知用水概要図」を完成させた。〈付録〉に二万五〇〇〇分の一の地形図(幅一間〔一・八メートル〕、長さ二間〔三・六メートル〕)が添付されている。地図は浜島の緻密《ちみつ》な才能を存分に反映して極めて精巧である。これを超える説明・説得の独自の資料はない。

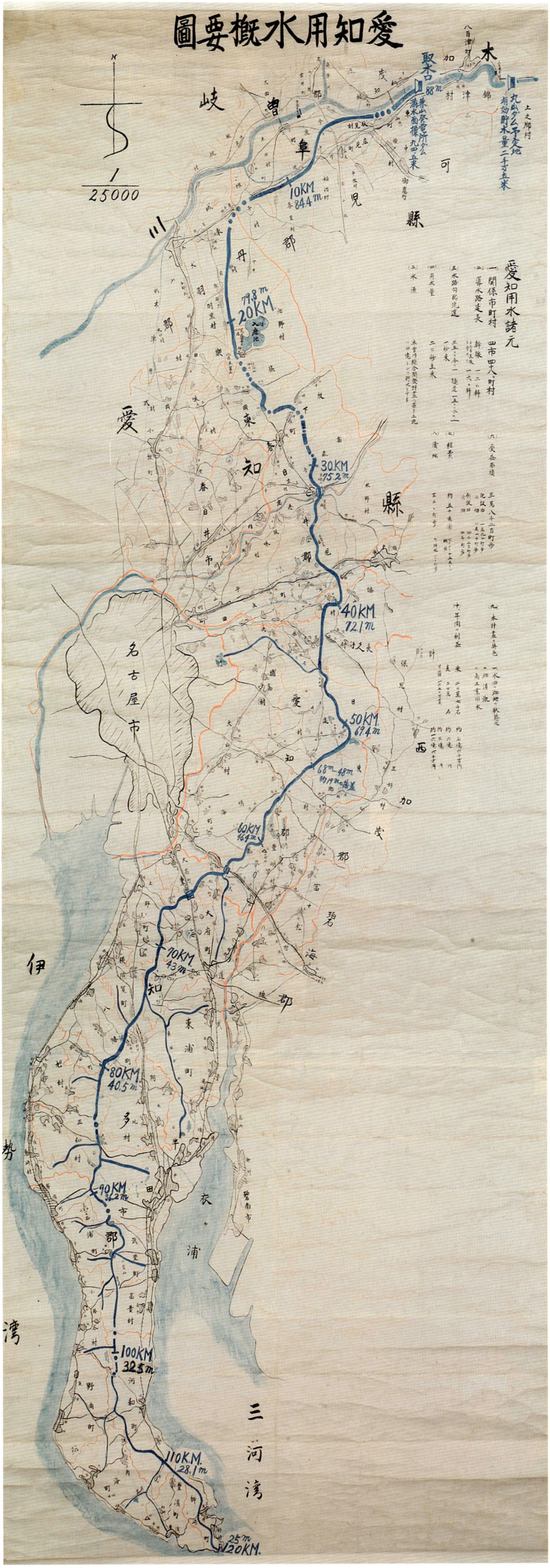

浜島が作成した愛知用水概要図。現在の愛知用水の位置と比較しても、基本的には大差のない精巧な内容。
幅1間（1.8m）、長さ2間（3.6m）

浜島辰雄作製
愛知用水土地改良区所蔵

「愛知用水概要図」
〈愛知用水緒元〉
① 関係市町村　四市四八ヵ村
② 導水路延長　幹線一一二〇キロ、師崎先端まで主な支脈線一八二キロ
③ 水源　滝越、丸山その他のダムなどに四億立方メートルを貯留し、木曾川の最少流量を一四〇立方メートル以下にならないように調節する。
④ 現況　木曾川の水利用状況は次の通り。
農業用水　　五二・四七立方メートル
上水道用水　四・〇五立方メートル
工業用水　　〇・六五立方メートル
舟航用水　　五五・〇〇立方メートル
計　　　　　一一二・一七立方メートル
であるから、最少流量を一四〇立方メートルとすれば、毎秒約二八立方メートルの余裕を生じる（水谷将『日本河川論』より）。
① 愛知用水計画受益面積
既設耕地　水田　一万九〇〇〇町歩（一町歩は九九アール）
畑　一万一〇〇〇町歩

新設耕地　水田　四二〇〇町歩
開田　三三二〇町歩
干拓　一八〇町歩
溜池跡地　九〇〇町歩開田（溜池の六〇％）
畑地　四〇〇〇町歩
合計　四万二六〇〇町歩
①事業費　五〇億円
②本計画の特徴
（イ）水田の畑地化（田畑輪換）
（ロ）畑地灌漑（一般作物、果樹、野菜）
（ハ）商工業用地（飲料水）、防火用水
（ニ）溜池利用による洪水防御、用水利用
③これによる利益
（ⅰ）増収量　米二〇万七五二〇石（一石は一八〇リットル）　七億六四〇八万円
その他野菜、麦二四万二〇〇石　六億五〇万円
果樹甘藷増加　一六七〇万七〇〇貫　三億円
合計　一六億六四九八万円

（ii）畜産、土壌水分増加により牧草が繁茂。乳牛は四倍、園芸作物、農村工業の増加により豚一〇倍。
（iii）農村工業は原料増加と用水補給など電力増加により発展する。
（iv）工業用水、上水道用水、防火用水、衛生用水の供給増加。
（v）海産物、ノリ、魚介類の増加。
（vi）木曽川総合開発による電力量　二五万キロワット
地区内落差利用による発電　一五〇〇キロワット

愛知用水開発期成会の設立

「農林省開拓局長伊藤佐《たすく》さんが、旧盆の八月一八日郷里の豊明村中島の実家に墓参に来る。是非《ぜひ》会って愛知用水の話をするように」

八月初旬、豊明農業協同組合長三浦青一から久野に連絡が入った。伊藤佐（一九〇三－一九六六）は、伊藤両村（当時豊明村、現豊明市）の旧家の出身で、明治三六年陸軍軍医伊藤百蔵の次男として生まれた。京都帝国大学法科を卒業して農林省に勤務したが、昭和一六年には南方方面軍政官に就任した。戦後、砂糖・油糧配給公団総裁に続いて開拓局長に任命された。

一八日午後二時、豊明農協の日本間で、三浦青一の紹介により久野庄太郎と浜島辰雄は局長伊藤に面会した。久野は地元の農民運動を紹介し愛知用水実現に向けて政府支援を強く求め、また浜島は自作の大地図を開いて用水の建設ルートを説明した。

「知多半島の干ばつ被害はいやというほど承知している。我が郷土の一大事業であり格段の努力をいたしたい。地元の意見がまとまったら年内に農林省開拓局に陳情に来なさい。陳情を受ける我が方の体制も整えておく」

伊藤は政府も積極支援する方針であることを明言した（伊藤はその後愛知用水土地改良区理事長や愛知用水公団副理事長に就任し、愛知用水、豊川用水の完成に一三年余りにわたり尽力することになる）。手探りで運動を進めてきた久野たちは無縁に等しかった中央政界にパイプができて懸命に働きかけることになる。

◆

昭和二三年の秋も深まった。久野の浪曲師付きの愛知用水建設促進説明会も板についてきた。久野と浜島は、恩師山崎延吉や彼らを励ましてくれる研農会（山崎を師とする愛知県内の篤農家のグループ）を集めて説明会を開くことになった。会場には、久野の実弟の分家の空き家を当てた。山崎以下、研農会のメンバー二〇人が集まった。会合では、ゲストとして招かれた浪曲師梅ケ枝《めがえ》鶯《うぐいす》が「安城ヶ原——報農偉人都筑弥厚と日本のデンマーク」を口演した。江戸末期、全財産を投げうって荒地の安城ヶ原開墾に尽力しついに破産した先駆者・代官都築弥厚《つづきやこう》の悲劇の物語である（明治用水の誕生秘話である）。一部を昭和五一年制作『開けゆく安城ヶ原』（口演三門博）から引用しよう。

「……百の苦難も身に受けて　千の失敗も厭《いと》わぬと言う　何たる犠牲の真心よ
ならぬ工事と知りながら　決意に打たれた石川（農民）は　無理か知らぬが神仏よ
この犠牲者の信念を　遂げさせたまえと　心の内で手を合わす……

……寝るべき時に起き出て　苦労をするのは私欲じゃないぞ　皆お前等の為なるぞ　地獄ヶ原
と言われたる　悪い土地から良き土地に　作り直して見せるぞよ　弥厚狐と誰が言うた　弥厚狐
が化かすのは　安城ヶ原へ一面に　水の流れる時なるぞ

それを願って待たぬかと　火の様に叫ぶ弥厚の声が　広い夜空に鳴り響く……」

久野をはじめ出席者全員が感動に打ち震え男泣きに泣いた。さっそく資金を出し合って絹布を買ってきて、山崎に梅に鶯の水墨画を描いてもらい曲幕を作って梅ヶ枝に進呈した。

報告会は久野庄太郎を「励ます会」となった。

九月二五日、愛知用水期成同盟会の発足とともに会長になった半田市長森信蔵は、用水計画推進の負担金として半田市議会に一〇万円の予算案を諮《はか》った。市議会はこぞって猛反対した。結局、「夢のまた夢といっても、市長さんの顔をまるっきりつぶすわけにもいかないから……」と一〇万円予算案に対して一円予算が通過した。

一〇月一日、堀田稲荷神社で「愛知用水開発期成会」（のちに「愛知用水期成会」）が正式に発足した。

この期成会は、用水実現運動の最初の独立した農民団体である。「愛知用水」の名称も期成会発足に合わせて正式名称となった。期成会会長には半田市長森信蔵が就任した。

半田市長森をはじめ久野や浜島らは、名古屋市の協力が不可欠と考え、市長塚本三《ぞう》に直接会って協力を要請した。市長は「よく解りました。名古屋市の建設事業については田淵助役に任せてあるので助役にも会ってください」と語った。そこで久野と浜島が計画書を持参して助役田淵寿郎（旧内務官僚）に面会を求めた。このときの助役田淵の発言は、久野と浜島には生涯忘れられない屈辱的なものだった。浜島の思い出（『愛知用水と不老会』）を引用する。

「田淵助役は二人をつくづく眺め、『とても出来ることではないから止めておきなさい。見れば、百姓、子供上がり（注――学歴のない者の意）ではありませんか。とても無理です。名古屋市としては協力できません』と、てんで問題にされなかった。以来、愛知用水は運動期間中に名古屋市から協力

上＝梅ヶ枝鶯（浪曲師）
下＝都築弥厚の像（明治川神社蔵）

援助を受けたことなし。名古屋市にとって愛知用水の効果は莫大なものがあったはずである。田淵寿郎助役は後年『あの時、私の言ったことは、一世一代の失言であった』と告白されたと聞いたが、われわれもあの時の言葉は一生忘れることは出来ない」

田淵は、戦後の名古屋市復興を成功させた都市計画技術者として高い評価を受けているが、愛知用水に関しては評価の声は聞こえないのである。失言のツケは計り知れない。

機は熟した――東京への陳情

「年内一二月二〇日の来年度予算編成時以降、なるべく早く、愛知用水の建設促進の陳情に上京せられたい」

農林省開拓局の事務方から豊明村を通じて久野に連絡が入った。これを受けて、愛知用水建設期成会はさっそく幹事会を開いた。市町村長は年末の多忙な時期であり上京に時間が割けない。そこで農村同志会のメンバー一六人で首都・東京に向かうことになった。主なメンバーは山口治兵(農村同志会会長、大府町)を団長に、久野、浜島、緋田、三浦、明壁らであった。二二日名古屋駅午後一〇時発の夜行列車に乗った。寝ている間に機関車が吐く油煙で顔が真っ黒になった。農林省開拓局は、国鉄(現JR)有楽町駅に近い毎日ビルの二階にあった。

東京は焼け野からようやく復興に立ち上がったばかりであった。どこの駅前広場にも闇市が立ち浮浪者が徘徊していた。敗戦後の日本は、食糧事情が極端に悪化していた。首相吉田茂は農林大臣和田博雄に命じて生産増強に全力を投入した。それでも食糧事情は好転しなかった。国民は飢餓と紙一重のところにいた。衛生事情も極めて悪く伝染病が流行した。この時期、猛威をふるったのが発疹チフスで、東京だけでも患者が一万人に上った。発疹チフスを媒介するノミを撲滅するため、GHQの指令によりDDT（白色粉末状の有機塩素系殺虫剤）が至る所で散布された。

◆

午前九時半、農林省側と農村同志会側（陳情団）が会場に一堂に会し、まず局長伊藤佐が立って知多半島の干ばつの物的・心的被害や用水運動の経緯を簡単に説明した。続いて、久野が陳情団を代表して運動の現状を語り政府の支援を求めた。次いで浜島は手製の愛知用水概要図を床に広げて説明を始めた。

すると農林省側から大声が上がった。

「浜島！お前、偉いことを考えたなあ」

出席者の全員が浜島と発言者の顔を見つめた。

「あ、松田先生！」

浜島は絶句した。声の主は建設部専門官松田俊正であった。局長伊藤は「説明を進めて、進めて」と促した。浜島は驚きを隠して説明を続けた。専門官松田は、昭和一三年（一九三八）ころ三重高等農林学校（現三重大学農学部）の農業土木担任教授であり、陸上競技部の監督教官であった。浜島は中長距離の選手で円盤投げの日本記録保持者宮城栄仁（一年下級）と二人で同じ下宿に住んでいた。松田は一〇年ぶりの偶然の再会に嬉しさと驚きを隠せなかった。松田は教え子が農民救済をめざした夢のような大計画を持ち込んでくれたことがよほど嬉しかったのである。その後、松田は幹水路計画担当となり、浜島は思うことが自由に伝えられる農林省技術官僚を持つことになった。久野や浜島は農林省側が積極支援する方針であることを改めて感じ取って安堵《あんど》した。

首相吉田茂に直接陳情

陳情団のメンバーが農林省との会議を終えて一休みしていると、緋田が「皆さん、集まってください」と手を振った。全員集まったところで「今日の午後に得た情報ですが、昨晩、巣鴨プリズンにおいてA級戦犯の東條英機以下五人が絞首刑となり、無罪放免となった岸信介さんが弟の官房長官佐藤栄作氏の自宅に泊っていると聞きました。事情を話したら、少人数ならば会ってもよいと言っています。会いに行きたいと思いますが、いかがですか」と興奮気味に語りかけた。緋田は戦前内務省警保局の特高警察に務めていたこともあり政府首脳筋との人脈があった。人選の結果、久野、浜島、緋田の三人が次の日に訪ねることになった。

午前一〇時、三人を乗せたタクシーは東京・吉祥寺の佐藤邸に着いた。佐藤邸は生垣に囲まれた瀟洒《しょうしゃ》な平屋建てで、元商工相岸信介は廊下を伝った奥座敷に一人座っていた。緋田は、岸と親しいらしく、出獄のお祝いを丁重に述べたのち上京の理由を説明した。久野が愛知用水の大地図を広

釈放直後の岸と弟佐藤

げて解説した。聞き終えた岸は語りかけた。

「私は巣鴨の拘置所から出てきた翌日に、こういう国家的大事業の話を聞くとは誠に幸せです。この話は私よりも弟の佐藤に話してください」

岸は、吉田内閣の官房長官である佐藤を自室に呼んだ。佐藤は説明を受けたのち語った。

「この話は私が聞くよりも直接総理に聞かせてください。明朝一〇時、全員で総理大臣官邸に来てください」

久野らは感激して涙を流した。その夜は暴飲暴食を自粛して早めに床に就いた。

◆

翌一二月二五日、久野と緋田は先発して、山口団長ら残りのメンバーは愛知用水の例の大地図を大風呂敷に包んで首相官邸へと急いだ。一〇時前に、全員が官邸前に揃《そろ》った。誰もが場違いの所に来たかのように興奮気味でそわそわしている。官邸の守衛は用件を聞いた。首相に面会するには服装もまちまちであり、紹介の議員も付いていない。それ以上に、大きな風呂敷に包んだものは何かと守衛は怪しんでいる。「中の棒のようなものは何か」と繰り返し尋問する。なかなか官邸内に入れてくれない。そこに官房長官秘書官から「早く来るように」との催促があった。久野や浜島らは赤絨毯を踏んで首相の執務室前まで来た。北海道からの議員を中心とする陳情団が大勢詰めかけて「われわれの方が先だ。けしからん」と怒号で官房長官佐藤に食ってかかっている。その中を、官房長官は片手を上げて「五分、五分、首相が待っています」と言って、久野や浜島らを執務室に入れた。「ワンマン首相」に会うことができた。久野は挨拶をしたのち、机に大地図を広げて説明をした。自信に満ちた語りと表情だった。首相からは「食糧の増産になるか？ 労働者はどのくらい使うのか？」と相次いで質問が投じられた。

知多農村同志会の陳情団（総理大臣官邸前）

「米の増産になります。もちろんです」

久野や緋田が額に汗しながら答え、用水の必要性を訴えた。吉田は、腕を組んで耳を傾けた。五分間だけという約束の時間は、またたく間に過ぎ四〇分にもなった。吉田は大声をあげた。

「食糧増産、失業対策、よいではないか！」

農民の熱意が通じ、首相吉田は大声をはり上げて協力を約束した。異例なことであった。敗戦国日本の国土総合開発が急がれたころであった。大規模公共事業を最優先と考えていた吉田には、愛知用水計画は最高の事業の一つに思えたに違いない。執務室を出た陳情団は北海道からの陳情グループに「先を超すとは何事か」

と怒鳴られた。だが久野や浜島らは全身燃えるような思いに打たれていた。陳情は政府首脳を動かした。陳情団は農林省が翌二四年から愛知用水の調査予算を計上することに確信を持った。

〈付録——新美南吉のこと〉

ここで半田市が生んだ傑出した児童文学者を語りたい。

かなしきときは
貝殻鳴らそ
二つ合わせて息吹をこめて
静かに鳴らそ、
貝殻を

誰もその音を
きかずとも、
風にかなしく消ゆるとも、
せめてじぶんを
あたためん

静かに鳴らそ
貝殻を

私が、小学校高学年のときから愛唱している南吉の詩である。新美南吉《にいみなんきち》は、私が宮澤賢治とともに少年のころからその作品を愛読している童話作家である。その温かい人類愛と知的ユーモアを愛するのである。大正二年（一九一三）七月三〇日、愛知県知多郡半田町字折戸（現半田市新生町）に下駄屋・駄菓子屋の二男として生まれた。本名正八。半田中学（旧制）のころから児童文学の作品を書いて中央文壇でも注目される。岡崎師範学校（現愛知教育大学）を受験したが、身体検査で不合格となり代用教員となる。その後、東京に出て、東京高等師範学校（東京教育大学を経て現筑波大学）を受験したが再び不合格となった。貧しい南吉は学費が官費である師範学校を目指したのであった。その後、昭和七年（一九三二）東京外国語学校（現東京外国語大学）に入学する。在学中、北原白秋や鈴木三重吉ら作家と交流する。吐血し静養する。卒業後、帰郷して愛知県立安城高等女学校で教鞭をとる。この間、相次いで傑作を書きあげる。昭和一八

新美南吉（安城高等女学校教師時代）

年（一九四三）一月八日、半田市内の下宿で他界した。咽喉結核であった。享年三〇。私の愛読する作品に「ごん狐」、「手袋を買いに」、「おぢいさんのランプ」、「川」、「牛をつないだ椿の木」などがある。「おぢいさんのランプ」（現代語表記）から、半田のため池が出てくる場面を取り上げたい。

新美南吉の作品（新美南吉記念館資料）

「道が西の峠にさしかかるあたりに、半田池という大きな池がある。春のことでいっぱいにたたえた水が、月の下で銀盤のようにけぶり光っていた。池の岸にははんの木や柳が、水の中をのぞくようなかっこうで立っていた。

（ランプ屋の）巳之助は人気のないここを選んできた。

さて巳之助はどうするというのだろう。

巳之助はランプに火をともした。一つともしては、それを池のふちの木の枝に吊した。小さいのも大きいのも、とりまぜて、木にいっぱい吊した。一本の木で吊しきれないと、そのとなりの木に吊した。こうしてとうとう（五十個余りの）みんなのランプを三本の木に吊した。

風のない夜で、ランプは一つ一つがしずかにまじろがず、燃え、あたりは昼のように明るくなった。あかりをしたって寄って来た魚が、水の中にきらりきらりとナイフのように光った。

『わしの、しょうばいのやめ方はこれだ。』

と、巳之助は一人でいった。しかし立去りかねて、ながいあいだ両手を垂れたままランプの鈴なりになった木を見つめていた。

ランプ、ランプ、なつかしいランプ。ながの年月なじんで来たランプ。

『わしのしょうばいのやめ方はこれだ。』

それから巳之助は池のこちら側の往還に来た。まだランプは、向う側の岸の上にみなともっていた。五十いくつかがみなともっていた。そして水の上にも五十いくつの、さかさまのランプがともっていた。立ち止まって巳之助は、そこでもながく見つめていた。

ランプ、ランプ、なつかしいランプ。

やがて巳之助はかがんで、足もとから石ころを一つ拾った。そして、いちばん大きくともっているランプに狙いをさだめて、力いっぱい投げた。バリーンと音がして、大きい火がひとつ消えた。

『お前たちの時世はすぎた。世の中は進んだ。』

と、巳之助はいった。そして又一つ石ころを拾った。二番目に大きかったランプがバリーンと鳴って消えた。

『世の中は進んだ。電気の時世になった。』

三番目のランプを割ったとき、巳之助はなぜか涙がうかんで来て、もうランプに狙いを定めることができなかった。こうして巳之助は今までのしょうばいをやめた。……」

第五章

日本型〈TVA計画〉への挑戦

民の声は天の声①

東京陳情の予想外の成果

昭和二三年（一九四八）の年の瀬も押し迫った一二月下旬、山口治兵（農村同志会会長）を団長とする東京陳情団は、総理大臣吉田茂への直接陳情が実現した上に協力まで取り付けたことに大いに勇気づけられた。久野庄太郎や浜島辰雄らは、同行のメンバーに働きかけて、東京滞在中に可能な限り有力者を訪ね根回しすることを提案した。それは久野が「農聖」山崎延吉からの紹介状を持っていたことに加えて、緋田工《あけだたくみ》が戦時中内務省警保局に勤務していたことから中央省庁の関係部局への橋渡し役を買って出たためであった（農業用水は農林省（当時、以下同じ）所管だが、発電は通産省、河川管理は建設省の所管であった。また戦後の復興対策を進める経済安定本部の支援が不可欠だった）。

TVA本部（アメリカ・テネシー州ノックスビル）

久野は、高松宮が終戦直後に山崎延吉の紹介で、久野の営農状況を視察したことがあることを思い出し、メンバーの一部とともに高松宮を訪ねて計画への支援を訴えた。次いで、彼らは、山崎の紹介を得て〈農政の権威〉石黒忠篤《ただあつ》（元子爵、一八八四－一九六〇）の私邸にも足を運んだ。石黒は戦前に農林省の農務局長、蚕糸局長さらには事務次官を歴任した。第二次近衛内閣では農林大臣に就任した。農業振興、農村救済に取り組み、戦前における農政の第一人者として「農政の神様」と称せられた。昭和二一年に公職追放となり、久野らが面会したときは六〇歳半ばで追放中の身の上であった。

「アメリカのＴＶＡ（Tennessee Valley Authority、テネシー川流域開発公社）計画を大いに参考にしたらいい。大河への総合開発の成功例であり、流域民主化への試みである」

陳情団は、木曾川から引水して田畑に農業用水を供給するとの当初の着想から、河川総合開発事業として、水資源確保・洪水対策・電源開発を組み合わせた壮大な計画を実現させ、流域住民の生活向上にも資するとの広い視野を与えられた。「日本型ＴＶＡを目指せ！」が合言葉となるのである。

次の日に面会した全国指導農業協同組合連合会長荷見《はすみ》安《やすし》からは「この事業は総合開発事業にせね

ばならず、農業用水が主体であるから、予算は農林省で獲得することが得策である」と教示された。

東京陳情は予想を超えて大きな成果が得られた。これをきっかけとして、地元同志会が中心となり、この年暮れから「鏡餅をつく会」を結成した。毎年年の瀬になると知多地方の数十か町村から同志らが自発的に久野の自宅に参集して餅をつき新春用の鏡餅をこねあげた。鏡餅の進呈先は、高松宮、歴代総理大臣、政府の各閣僚などであった。中央政府の支援を確実なものにしたかったのである（以下、『愛知用水史』、『五十年の歩み』（愛知土地改良区）、『愛知用水と不老会』、『躬行者』（久野庄太郎）などを参考にする）。

◆

首都から帰郷後、久野は安城農林学校に校長後藤一雄を訪ねた。学校は冬休みに入って生徒の姿は見えなかった。木枯らしが校庭の砂塵を巻き上げていた。

「愛知用水運動のために、浜島辰雄教諭を校務でない仕事に連日のように尽力願って誠に申し訳ない」

久野は深々と頭を下げた。食肉店を経営する実弟に用意させた手土産を渡した。校長に直接御礼とお詫びの気持ちを伝えたのである。同時に、校長後藤は戦後の住宅難から住宅が確保できず校舎内の宿直室に家族とともにわび住まいをしており、肉類などは食べたことがないと聞かされていた。校長は戦前台北帝国大学農学部教授であったが、終戦後帰国し安城農林学校校長を務めていた。

「本校は初代山崎延吉校長から、校是として学問を校外にも求め、また学問を外から施すとありますが、浜島君の行動はまさにそれに該当します。心配はいりません。浜島君に代わる教諭はたくさんいます。心置きなく使ってください」

校長はメガネの奥に笑みをつくって断言した。久野は目頭が熱くなるのを感じた（翌二四年四月、GHQ指令のもとで、日本教育制度の大改革が行われ、小中学の義務教育化を柱とした「六三三制」が導入された。浜島は大府の自宅から通勤できる県立半田高校農業課程（旧半田農学校）に転勤となった。用水運動で活躍しやすいようにとの校長の配慮であった）。

『水利史談』を読め！

明けて昭和二四年一月末、久野は農林省に開拓局長伊藤佐《たすく》を訪ね、年末の陳情の礼を伝えた。

「まず、この本を読め。それでもやる気なら、出直して来い。協力する」

伊藤は開口一番声を張り上げた。伊藤が久野の目の前に突き付けた本は農林官僚溝口三郎著『水利史談』であった。久野は手渡された本を宿泊先に帰ってさっそく読んだ。江戸時代から用水開削で苦心した先人の事績である。中には、誠心を尽くして事業を成し遂げた末に、横死・刑死・破産など悲惨な結末を迎えた事例が記されてあった（同書には、江戸中期の幕臣井澤弥惣兵衛（拙書『水の匠・水の司』（鹿島出版会）参照）の大干拓事業や幕末から明治初期にかけての新渡戸伝らによる青森・三本木原の大規模開墾など後世に残る成功例も記されている)。

同行した緋田も同書に目を通した。彼は久野に語りかけた。

「こんな事例は、民心のひらけぬ昔の話であって、今の世にあったり、また通ったりすることではない。良いことをしたら、良い結果があるべきだ。人のためになることをしたら、人から感謝されるのは当然だ。本人としては、その報いを待つべきではないが、少なくとも、われわれはそういう世の中をつくることに努力すべきだ」

久野は良い助言だと思ったが、不安はぬぐえなかった。

「しかし私はそうは行くまいと思った。まさか、愛知用水をつくって殺されるほどのことはあるまいが、褒《ほ》められることはないと覚悟していたし、また自己が破産するぐらいのことはあろうと思った。なぜなら、私ども耕作農民が持つ財産ぐらい多寡《たか》が知れている。この事業の完成には、長い歳月を要すると思っていた。私は四九歳の春、この発願をした。私の父は六九歳で逝った。親の享年を一応わが寿命とすると、向う二〇年だが、死ぬまで運動しても、愛知用水が出来上がるとは思えなかった。

願わくば、用地の幅杭(焼杭)でも打ちこんでもらえれば、満足して死ぬ決心だった。貧乏人が二〇年も仕事をせずに、毎日自弁で遊んでおれば、破産に決まっている。どうせ破産だが、なるべくじょうずに破産したい。長もちさせたいと祈っていた」(久野『躬行者』)

ダム建設前の二子持地区（昭和30年頃）

農林省と愛知県の幹部、現地視察

昭和二四年から、農林省開拓局は政府首脳からの指示を受けて、本格的な用水調査に乗り出した。二月二六日、開拓局長伊藤佐が自ら計画地域の知多半島を視察した。愛知県当局はこれより前、二三年夏以降農地部長宮下一郎の指示により、県耕地課調査係長三好を班長として木曽川上流調査を行っていた。その結果を二四年春にまとめた。知事青柳秀夫は調査結果をもとに建設計画を作成し、六月末経済安定本部長官青木孝義と農林大臣森幸太郎はじめ関係各省首脳に提出した。愛知用水の建設計画の規模が空前の巨大さであり、早期実現の可能性が低いとして、日本発送電株式会社（現関西電力）による丸山ダム（岐阜県内の木曽川に計画）の建設計画の構想に便乗して、同ダムの堤高を計画の九〇メートルから一二〇メートルと三〇メートルかさ上げし、ダムの貯水量を愛知用水に充てるとの趣旨だった。長官青木は従来の二子持《ふたごもち》ダム（木曽川支流王滝川に建設計画）の建設案も承知していた。長官は、経済安定本部、農林省、建設省など各省庁からなる現地調査団を派遣させた。政府が本格的に動き出し、それに合わせてジャーナリズムの報道も熱を帯びてきた。

二四年、農林省は夏の間に木曽川の上流部（主に長野県・岐阜県）と下流部（主に愛知県）に分けて現地調査を実施することにした。直轄国費地区として第一回の現地調査を行ったのである。七月三〇日、上流部ではダムの地質や岩盤を中心に調査が行われた。調査では丸山ダムのかさ上げ案に多くの時間が割かれた（翌二五年五月木曾川流域が国土総合開発に基づく指定地域になった際、このかさ上げ案が再度検討されることになる）。

二四年八月三日、今度は下流部で主として用水路建設予定地の土壌地質の調査が行われた。用水の受益地域が第三紀層からなり土壌浸食を受けやすいことがわかった。導水路施工、耕地開発と畑面傾斜度の確認、建設後の農営における有機肥料使用の注意がいずれも必要との判断が示された。

元農林大臣石黒の現地視察

昭和二四年一〇月一二日、元農林大臣石黒忠篤が山崎延吉らの招きで現地視察をした。石黒は高齢であり、しかも公職追放中であったが、「農政の大御所」石黒の発言は農林省はもとより政府部内を動かす力があった。現地案内は久野と浜島が行い、山崎も同行した。石黒を驚かせたのは、知多半島南部の豊浜町（現南知多町）の旅館に一行と投宿したとき、旅館の一番風呂の湯が番茶のように濁っていたことだった。夕方になると飲料水に充《あ》てる井戸は一つか二つしかなくなってしまう。時間給水でお互いが分け合って使うしか方法がない。灌漑用水に恵まれないばかりか、飲料水や家庭用水まで水質の悪い水しか利用できないことを知り、石黒は地域住民が「きれいな水」の確保にいかに苦労しているかを身にしみて感じた。天秤棒を担いだ水運びの重労働が主婦の日課であることを聞かされ、彼は「これでは住民の健康上も良くないので、どうしても木曽川の水がここまで流れてくるように老骨を捧げて協力する」と決意を語った。石黒は木曽川の水質が最良質であると聞かされていた。山崎から「この地方は県下でも最も学童にトラコーマ（慢性結膜炎）が多い。これも水不足が原因だ」と説明され、石黒は顔をゆがめて深くうなずいた。

視察の最後に知多半島最南端の漁港・師崎《もろさき》町（現南知多町）の共同井戸（一五〇〇戸は利用）に出向いた

上＝共同井戸で水汲みをする師崎の主婦たち
中＝現在も保存されている共同井戸
下＝愛知用水予定地を視察した高松宮（右。左は山崎延吉、中央は久野庄太郎、『愛知用水土地改良区五十年の歩み』）

際、石黒と山崎の長く白いひげを見て、子供たちが「魔法使いだ」と声をあげて騒いだ。そのとき石黒が「このひげの魔法使いのおじさんが、木曽川のきれいな水をここに持ってくるからな」と声を張り上げた。すると子供たちや主婦たちも驚いたように口をつぐんでしまった。石黒は久野や浜島に笑顔をつくって見せた。元子爵石黒の現地訪問は高松宮の視察を計画する下見でもあった。翌二五年七月、高松宮は五日間をかけて現地を視察し、帰京の際「今後も支援していく」と断言した。

終戦後の農業政策

ここで土地改良法が昭和二四年（一九四九）六月に制定されるまでの敗戦後の農業政策を考えたい。敗戦直後の日本経済は疲弊しきっており大混乱状態にあった。その要因として①戦時中の米軍機の爆撃により、産業設備は破壊し尽くされ、軍需工場はもとより、都市の工場や一般住宅も廃墟と化した。原材料の輸入は全くなく、設備の残った工場も十分に操業することができなかったからである。②海外からの復員軍人や帰国者により人口が急速に膨張したためである。③インフレーションの急速な進行があったためである。

食糧危機で、大都市住民は飢餓状態であった。食糧の確保と農地開拓は喫緊の課題であった。終戦の年の昭和二〇年一一月、「緊急開拓事業実施要項」による農地開発改良事業が「食糧の自給化」と「帰農促進」を目的として閣議決定された。二二年一〇月には、「開拓事業実施要項」に改定されて、「帰農促進」の目的は「人口収容力の安定的増大」と変わり、干拓の目標は半減して、農業水利事業が追加されている。帰国者に家と食糧と職を準備することは不可能であり、入植者として開拓地に送り込む以外の有効な手立てはなかった。

事業投資額についてみると、土地改良事業（客土、機械排水、耕地整理）が開拓・干拓事業を上回り、前者はさらに著しい伸び率を示した。食糧増産対策としては、前者の方がはるかに即効性があった。

土地改良法によって、日本の統一的な土地改良制度が確立した。画期的なことと言っていい。これに伴って、従来の耕地整理法、北海道土功組合法は廃止され、水利組合法は水害予防組合法に改正され、普通水利組合に関する部分は削除された。この法の成立は、戦後の農地改革に即して、土地改良の事業と組織を、所有者中心主義から耕作者中心主義に改め、大規模な用排水事業のような国営事業に対し、食糧増産政策が既耕地の改良へと向かった政策転換を意味していた。以後、土地改良事業は、躍進期と言われる二五年から二八年にかけて予算が急増し、二七年から発足した「食糧増産五カ年計画」を推進させた。

「特筆すべきは、一九五〇年代には戦後の土地改良事業を代表する愛知用水事業、北海道篠津地域泥炭地開発事業、八郎潟干拓事業などの大規模プロジェクトが開始されたことである」（高橋裕《ゆたか》『現代日本土木史』）

『愛知用水の趣旨と理想』を刊行

知多農村同志会は、二年間の愛知用水の建設運動をもとに「木曾川総合開発パンフレット」の第一巻として『愛知用水の趣旨と理想―木曾川総合開発の一翼として―』を刊行した。昭和二四年一二月のことである。地域住民はもとより、中央政府・関係各省庁や木曾川上下流の住民への積極的な広報活動に活用するためであった。パンフレットの構想・執筆・校正は久野、緋田、浜島、明壁が分担して受け持った。愛知用水の解説図は浜島が独自に作成した地図が使われた。

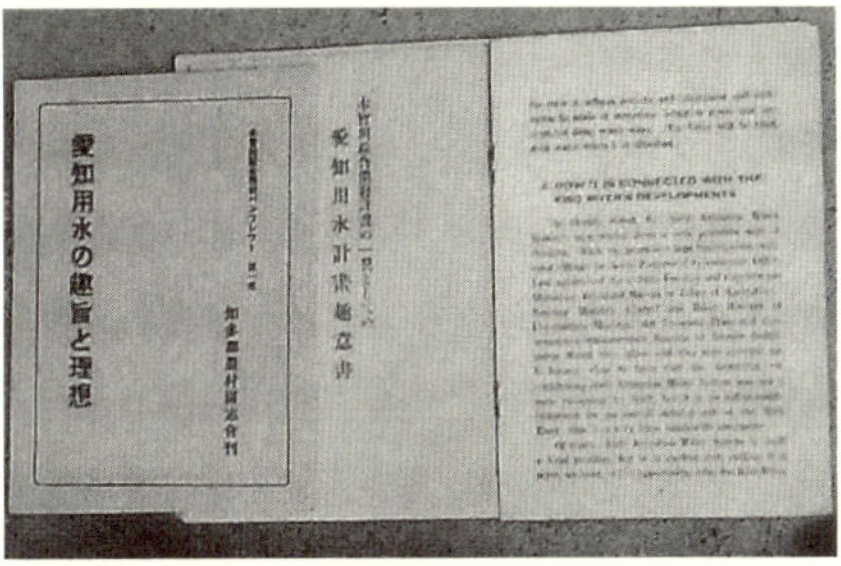

啓発用パンフレットと世銀宛て英文パンフレット

内容は、愛知用水完成後に予想される知多半島をはじめ一〇〇キロ以上の流域開発の未来像を描くとともに、愛知用水の建設こそが木曾川総合開発の第一弾であって、これを呼び水として木曾川流域――長野県、岐阜県、愛知県、三重県――の総合開発を図るのが、究極の目標であることを訴えたものである。大胆な発想であり、洞察力に富んだ達見であった。巻末にはＴＶＡに範をとった総合開発事業であることを裏付けるために、『米国ＴＶＡの概要』が掲載されている。

『愛知用水の趣旨と理想』が刊行された直後に、久野と浜島は前愛知県知事桑原幹根《みきね》（公職追放中）を名古屋市内のホテルに訪ねパンフレットを手渡した。桑原はパンフレットに目を通して全面協力を約束した（彼は昭和二六年五月、第二代の愛知県公選知事に選ばれ、愛知用水実現の中心人物の一人になる）。

期成同盟会の設立

昭和二四年九月一五日、愛知用水開発期成同盟会の結成総会が半田市立半田小学校の講堂で開かれた。秋晴れの空の澄み渡った日となった。同盟会は、それまでの同志会や期成会が母体となり、運動の中核となって来た半田市、春日井市、知多郡の町村をはじめ、東春日井郡、愛知郡などが大同団結して誕生した。同盟会長には半田市長森信蔵が選ばれた。会の規約（三条）には目的の達成のためとして①愛知用水の期成促進運動、②木曾川総合開発計画促進、③その他この会の目的達成上必要な事業、を掲げている（愛知用水開発期成同盟会は後に愛知用水期成同盟会と呼ばれる）。来賓として経済安定本部事務局長安藝《あき》皎一《こういち》、建設省監理局企画課長小澤久太郎、農林省農地局資源課長伊藤茂松をはじめ愛知県、日本発送電（現中部電力）の幹部も参加した。来賓挨拶の中で安藝は、河川工学者の立場から「日本型TVA計画の第一号をこの地に実現してほしい」と呼びかけた。

二五年五月、半田市長森信蔵は全国知事・市町村アメリカ視察団長に選ばれて渡米した。英会話にたけた森が団長に選ばれたのである。この際、彼はワシントンの国際復興開発銀行（世界銀行、世銀）本部で、ユージン・ブラック総裁とガーナー副総裁に面会し、『愛知用水の趣旨と理想』と付図の英訳資料を手渡して世銀借款を頼み込んだ。副総裁は市長森の説明を聞いたあと、「アメリカと日本との講和条約もあとしばらくだから時機を待つように……」と答えたが、これがのちに世銀借款の糸口になった（後章で詳述）。

◆

愛知用水の趣旨と理想を普及させるためには受益地の住民たちに情報を幅広く伝える必要があった。愛知用水開発期成同盟会が作成した小学生向けの『愛知用水のPR用チラシ』（二六年六月二〇日刊行）は、その代表例である。これは小学生とともに父母にも訴えるものである。九万枚も刷られたチラシの文章は平明で説得力に富む。このチラシは二つの重要な内容が骨子となっている。一つは内村鑑三著『デンマルクの話』の主人公ダルガス父子の植林運動のこと、もう一つはアメリカのTVAについてである。世銀の調査団来日に備えたものでもあった。（付録、参照）

〈付録〉

『愛知用水のPR用チラシ』（全文、原文のママ）

「ヨーロッパの北の方にデンマルク（通常はデンマーク）という豊かな平和な国があります。この国は、百数十年前に国をあげた戦いにやぶれ、領土の半分以上をなくしてしまいました。そしてあれはてた土地と、つかれ切った人だけが残りました。これを今日の立派なデンマルクに築き上げたのは、皆さまの小学五年の『緑の国』の『もみの林』に出て来る、ダルガス父子とグルント・ウィークという人の教育の力であります。人々も、この教育と、ダルガス父子の仕事に奮い立って、一生け

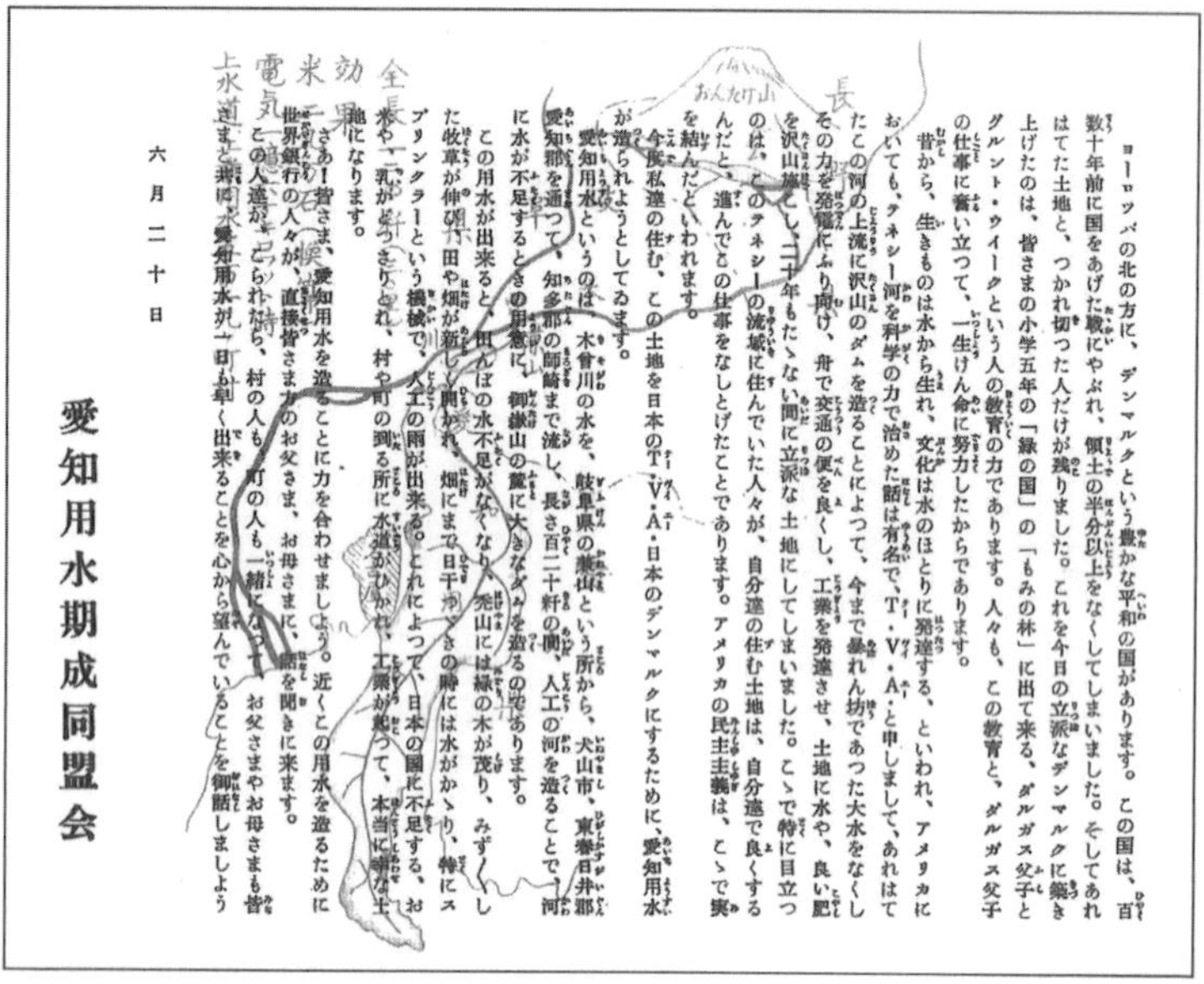

ヨーロッパの北の方に、デンマークという豊《ゆた》かな平和《へいわ》の国があります。この国は、百《ひゃく》数《すう》十年前に国をあげた戦《せんそう》にやぶれ、領土《りょうど》の半分以上《はんぶんいじょう》をなくしてしまいました。そしてあれはてた土地と、つかれ切つた人だけが残《のこ》りました。これを今日の立派《りっぱ》なデンマークに築《きず》き上げたのは、皆さまの小学五年の「緑の国」の「もみの林」に出て来る、ダルガス父子《ふし》とグルント・ウイークという人の教育《きょういく》の力であります。人々も、この教育と、ダルガス父子の仕事《しごと》に奮《ふる》い立つて、一生《いっしょう》けん命《めい》に努力《どりょく》したからであります。

昔《むかし》から、生《い》きものは水から生《うま》れ、文化《ぶんか》は水のほとりに発達《はったつ》する、といわれ、アメリカにおいても、テネシー河《かわ》を科学《かがく》の力で治《おさ》めた話《はなし》は有名《ゆうめい》で、T《ティ》・V《ヴイ》・A《エー》と申しまして、あれはてたこの河の上流《じょうりゅう》に沢山《たくさん》のダムを造《つく》ることによつて、今まで暴《あば》れん坊《ぼう》であつた大水をなくし、その力を発電《はつでん》にふり向《む》け、舟で交通《こうつう》の便《べん》を良《よ》くし、工業《こうぎょう》を発達させ、土地に水や、良い肥《こやし》を沢山施《たくさんほどこ》し、二十年もたゝない間《あいだ》に立派《りっぱ》な土地にしてしまいました。こゝで特《とく》に目立つのは、このテネシーの流域《りゅういき》に住《す》んでいた人々が、自分達の住《す》む土地は、自分達で良《よ》くするんだと、進《すす》んでこの仕事をなしとげたことであります。アメリカの民主主義《みんしゅしゅぎ》は、こゝで実《み》を結《むす》んだといわれます。

今度《こんど》私達の住《す》む、この土地を日本のT《ティ》・V《ヴイ》・A《エー》・日本のデンマークにするために、愛知用水《あいちようすい》が造《つく》られようとしてゐます。

愛知用水《あいちようすい》というのは、木曽川《きそがわ》の水を、岐阜県《ぎふけん》の兼山《かねやま》という所《ところ》から、犬山市《いぬやまし》、東春日井郡《ひがしかすがいぐん》、愛知郡《あいちぐん》を通つて、知多郡《ちたぐん》の師崎《もろざき》まで流《なが》し、長《なが》さ百《ひゃく》二十粁《キロ》の間《あいだ》、人工《じんこう》の河《かわ》を造《つく》ることで、河に水が不足するときの用意《ようい》に、御嶽山《おんたけさん》の麓《ふもと》に大きなダムを造《つく》るのであります。

この用水が出来ると、田んぼの水不足《ふそく》がなくなり、禿山《はげやま》には緑の木が茂《しげ》り、みずくした牧草《ぼくそう》が伸《の》び、田や畑《はたけ》が新《あたら》しく開《ひら》かれ、畑《はたけ》にまで日干《ひでり》のときには水がかゝり、特《とく》にスプリンクラーという機械《きかい》で、人工《じんこう》の雨《あめ》が出来る。これによつて、日本の国に不足する、お米や、牛乳がどつさりとれ、村や町の到《いた》る所に水道《すいどう》がひかれ、工業《こうぎょう》が起《おこ》つて、本当に幸福《こうふく》な土地になります。

さあ！皆さま、愛知用水を造ることに力を合わせましよう。近くこの用水を造るために世界銀行《せかいぎんこう》の人々が、直接《ちょくせつ》皆さまのお父さま、お母さまに、話《はなし》を聞きに来ます。この人達が、こられたら、村の人も、町の人も一緒《いっしょ》になつて、お父さまやお母さまも皆《みな》愛知用水が一日も早く出来《でき》ることを心から望んでいることを御話《おはなし》しましよう

六月二十日

愛知用水期成同盟会

愛知用水のPR用チラシ（久野が経費を支弁した）

ん命に努力したからであります。

昔から、生きものは水から生まれ、文化は水のほとりに発達する、といわれ、アメリカにおいても、テネシー河を科学の力で治めた話は有名で、TVAと申しまして、あれはてたこの河の上流に沢山のダムを造ることによって、今まで暴れん坊であった大水をなくし、その力を発電にふり向け、舟で交通の便を良くし、工業を発展させ、土地に水を、良い肥料を沢山施し、二十年もたたない間に立派な土地にしてしまいました。ここで特に目立つのは、このテネシー河の流域に住んでいた人々が、自分達の住む土地は、自分達で良くするんだと、進んでこの仕事をなしとげたことであります。アメリカの民主主義は、ここで実を結んだといわれます。

今度私達の住む、この土地を日本のTVA、日本のデンマルクにするために、愛知用水が造られようとしています。

愛知用水というのは、木曾川の水を、岐阜県の兼山《かねやま》という所から、犬山市、東春日井郡、愛知郡を通って、知多郡の師崎《もろざき》まで流し、長さ百二十キロの間、人工の河を造ることで、河に水が不足するときの用意に、御嶽山の麓に大きなダムを造るのであります。

この用水が出来ると、田んぼの水不足がなくなり、禿山《はげやま》には緑の木が茂り、みずみずした牧草が伸び、田や畑が新しく開かれ、畑にまで日干《ひでり》つづきの時には水がかかり、特にスプリンクラーという機械で、人工の雨が出来る。これによって、日本の国に不足する、お米や、乳がどっさりとれ、村や町の至る所に水道がひかれ、工業が起って、本当に幸せな土地になります。

さあ！　皆さま、愛知用水を造ることに力を合わせましょう。近くこの用水を造るために世界銀行の人々が、直接皆さま方のお父さま、お母さまにお話を聞きに来ます。

この人達が、こられたら、村の人も、町の人も一緒になって、お父さまやお母さまも皆さまと共に、愛知用水が一日も早く出来ることを心から望んでいることを御話ししましょう。

昭和二十六年六月二十日

愛知用水期成同盟会　」

国土総合開発法の制定

米軍占領下の二五年末、第二次吉田内閣は画期的な立法措置といえる国土総合開発法の制定を受けて、さっそく特定地域の諮問を行った。吉田内閣は民生安定を目指して荒廃した国土の復興・開発を急いだ。政府の諮問を受けた国土総合開発審議会は、建設省作成の「指定基準」を基に地域特定の作業に入った。しかしこれが一筋縄では行かなかった。特定地域はその開発整備費について政府が特別措置を講ずることになっており、しかも指定は「経済自立の達成に寄与する資源の開発、産業の復興及び国土の保全、災害の防除などに関して高度の総合施策を必要とし、かつその実施により著しく効果を増大できる地域である」ことが条件であった。指定地をめぐって露骨な政治的駆け引きが、中央政界・地方自治体を巻き込んで展開された。「黒い噂《うわさ》」も飛び交った。

結局、都道府県から建設省に出された五一候補地のうち一九地域に絞られ、総理大臣吉田茂はこれを審議会に諮問した。答申は諮問に沿ったもので、主な指定地域を記すと、最上、北上、只見、利根、能登、木曾、大山、出雲、四国西南、北九州、阿蘇、南九州などとなっている。これらの地域的特長をあげれば、大都会から離れた社会基盤の整備が大幅に遅れた地域で、水害の元凶となる大河を抱えた地域であることに共通点があった。

二六年一二月、国土総合開発法により木曾川流域が特定地域に指定された。農林省は同年九月一日には農林省木曾川水利調査事務所を名古屋市内に設けて、ダムと用水路の建設に向けて現地調査に乗り出した。初代所長は千葉進だった。彼は三〇年に愛知用水公団が設立された際、計画部長、総務部長、管理部長の要職を歴任する。越えて二七年五月八日には愛知用水土地改良区を設置するまでになる。

初代所長 千葉進(愛知用水土地改良区蔵)

水源地の村、ダム反対に立ち上がる

長野県王滝村は県西南端に位置し、信仰の山・御岳山《おんたけさん》の南で岐阜県と接する。九六%が森林で、その大半が国有林の木曾ヒノキの美林である。江戸時代は豊富な木材資源のために尾張藩の直轄地に組み込まれた(同村は明治・昭和・平成の大合併でも王滝村として存続し、一度も町村合併を経験していない)。木曾川支川の王滝川上流渓谷には電源開発用の三浦ダムが戦前に建設されていた。犠牲者の少なくな

まだらな雪を残す御岳山（三合目付近からの遠景）

い難工事として知られる。

昭和二五年ころから、王滝村でも愛知用水の建設計画が地元新聞で報じられ出した。だが村の存続と結び付けて考える農民は少なかった。村民はその後「王滝川の狭さく部である二子持《ふたごもち》にダムができて、集落がかなり水没する」とのうわさを耳にするようになった。山ふところに抱かれた山村に動揺の波紋が広がった。

『村報・公民館報、王滝』（原則として、原文のママ）から、村の動揺ぶりを見てみる。

「**〈村造りが出来ない　対策委員会で絶対反対決議〉**（見出し）

農林省が木曽川総合開発の重要な一環として昨年度より調査を行っている二子持ダムは、ボーリングの結果もえん堤（ダムの堤体）築造には最も適した地質であることがわかり、又木曽川が総合開発特定地区に指定された結果、実現の可能性もこくなったが、去る（二十六年）八月農林省京都農地事務局片山計画部長・愛知県宮下農地部長らが現地を視察、長野県松平副知事、角間、中村の両県議をまじえて地元側に計画案を説明協力を要請した。現在の計画の大要は二子持部落の下県道と森林鉄軌道の踏切付近に高さ九十五メートル、長さ三百メートルの大えん堤を築造して王滝川の水をせき止め貯水量一億立方メートル（三浦ダムの約二倍）の大人造湖を出現させ下流の愛知県で四百町歩を開田、三万八千二百町歩にかんがいする大規模なものである。これによると最大湛水面は海抜約八百九十メートルとなり以下は埋没し王滝村関係では二子持、崩越《くずしご》、淀地、田島、三沢の全部、中越は耕地の全部と家屋の一部、野口では耕地の大半と家屋の大部分戸数百五十戸と百二十町歩の耕地が湖底に沈むわけでダムの水は瀬戸の二軒屋迄つくことになる。

村では村会が中心となって対策委員会をつくり対策を練っているが、村の三分の一を地の底に沈め事実上村造りは成立たないと絶対反対を決定、冬の農閑期にダム反対の村民大会を開く予定で村民が流言に惑わされることなく一致結束して事に当るよう強く要望している」（『村報』（昭和二六年一一月二五日（第二九号））

二七年二月、農林省と愛知県が、ダム建設計画を正式に村当局に伝える。王滝村の二子持、崩越、淀地、田島、三沢の五集落、三岳村（現木曽町）の和田、黒瀬の二集落が水没する計画が示されたのである。地元農民は「絶対反対」に立ち上がる。

朝鮮戦争の特需

昭和二五年（一九五〇）六月、朝鮮戦争が勃発し、貧困にあえぐ日本の経済状況を一変させた。緊縮財政であるドッジ・ラインの下で需要不足に悩む日本は、朝鮮半島に出兵したアメリカ軍への補給物資の支援や破損した戦車・戦闘機の修理などを請け負い（朝鮮特需）、日本経済は急激に拡大された。

翌二六年サンフランシスコ条約が締結されたことに伴い、東南アジアの国々が日本に突き付けた戦時の損害賠償がアメリカの判断で減額された。減額幅は当初の予想を上回った。この減額措置が日本企業の新たな利益獲得の準備の視点で実行されたことも日本にとっては好都合といえた。技術革新などにより経済の自立を目指す日本国民の努力と所得分配の相対的な平等化の進行による購買力の増大があったことは重要である。平等化の進行は、敗戦後の激しいインフレやＧＨＱによる民主化政策等の予期せぬプレゼントであった。

第六章

運動の双曲線〈積極推進と絶対反対と〉

民の声は天の声②

愛知県知事、全面支援で動く

昭和二六年（一九五一）五月、桑原幹根《みきね》は愛知県知事に就任すると直ちに、総合開発の一元化を図るため企画課を新設した。翌二七年度は、総合開発を積極推進するため、大規模水利事業費一〇三〇万円（額は当時）を初めて計上し、うち愛知用水調査費が五〇〇万円を占めた。五〇〇万円は予算編成の段階で一二〇万円と大幅に削られた。しかし知事査定の段階でそれを五〇〇万円に復活させた。知事桑原の愛知用水実現に向けての並々ならぬ決意がうかがえる。その後同調査費は二八年、二九年に各七〇〇万円に増え、三〇年度に九〇〇万円に増額された。わずか四年間で二倍近くに増え、総計二八〇〇万円の多額になったのである。

愛知県知事桑原幹根

「着実にものごとを進めるためには、やはり行政の舞台に乗せなければならない。私が予算案に調査費を計上したのは、そのような意味があるのである。たとえ、額はわずかであっても、行政ベースに乗せたということであり、同時にそれは、農林省に対しても、〝地元の県はこのように熱意を持っているのですよ〟という姿勢を示すことになるのですね。そうしないことには、いくら、やいのやいの騒いでも、ちっとも事業に着手したことにはならない。現に、その後、愛知県が予算計上してから、中央（農林省）も愛知用水に関する予算をつけ、その種の会合の場を持つようになった」（愛知県知事桑原「回顧録」）。中央政府でも地元愛知県でも、計画実現への足並みがそろってきた。

愛知用水新聞の刊行

愛知用水の運動の中で、住民への理解と協力を求めて積極広報が展開されたことは特筆に値する。「愛知用水新聞」が昭和二七年二月に創刊されたが、編集長は発案者であり筆の立つ元内務省役人・緋田工《あけだたくみ》が務めた。同紙は毎月一日に刊行された。翌二八年一〇月まで二〇回刊行された。その経費の大半を久野庄太郎が負担した。「創刊号」から適宜引用してみる。燃えるような決意がみなぎっている。

「No.1、刊行号

〈創刊の辞〉（注——原文の誤記は訂正、現代語表記とする）

「水と共に文化を流さん——われらの希《ねが》い

従来われわれ日本人は非常に封建的であるといわれてきましたが、特に終戦以来は日本人の封建性の一掃が強く要望せられ、民主主義化の必要が強調せられています。

従来日本人の間においては官尊民卑の思想が強いといわれ、また縄張り根性が強いと言われてきましたが、これらはみな封建的因習の一つの現われに他ならないと思います。封建的因習の強い社会においては政治、行政をはじめ一切の社会的行事がすべて『上からの命令や指令』によって行われ、民衆はそれに他動的に盲従してゆくというのが普通で、民衆の間から自発的に創意が盛り上がるということは非常に少なかったと思います。

縄張り主義の根深い社会においては官界も民間も、とかく横の連絡が欠けがちであるのみならず、ともすれば他人の仕事を邪魔しようとする傾きすら少なくなかったので何か新しい仕事を計画しようと思えば、まず予《あらかじ》め横からの妨害や中傷に気を配って仕事にかからねばなりません」

愛知用水新聞

NO.1 昭和27年2月1日

愛知用水期成同盟会・愛知用水土地改良区機関紙

創刊の辞

水と共に文化を流さん
—われらの希い—

愛知用水計画に寄せて

愛知用水新聞創刊号。高い理想を掲げた。

「今後はこの弊風を脱し、何事をやるについても、単に上からの指示や命令だけで仕事をするのではなく、われわれ民衆の一人一人がよく事の内容を理解して、それが必要なことであるとわかれば、その事を当局のみに任せておかず、自分達自身の仕事として民主主義的にこれの実現を計ってゆく、そうしたやり方に進歩してゆきたいとみんな願っておるのであります」

「また今後の仕事は独《ひと》り用水問題に限らず万事にわたり縄張り主義に陥ることなく、常に全体の立場を総合的に考えて、各部門を担当する者がお互いよく相談し合って物事を最も合理的、進歩的に進めてゆく、こうありたいとみんな考えている次第でありまして、われわれの愛知用水運動は右のような趣旨から最も進歩的、民主主義的であると同時に、総合開発的な模範的な運動として実践してゆきたいものと念願しております」

「日本は由来非常に天然資源に乏しい国だといわれて来ましたが、殊《こと》に戦争に敗れて以後は、一段と貧乏な国になりました。しかも人口はかえって終戦後増加しています。随《したが》ってお互いは何とかしてこの人口を養うだけの富を生み出す工夫をしなければなりません。

幸いに日本は資源が乏しい中にも『雨』という貴重な資源に極めて豊富に恵まれています。この雨は考案と施設の仕方一つで、立派な富源たらしめ得るのであります。

雨水は時に洪水となって田畑、家屋敷を押し流し、人畜に重大な被害を与えますが、もしこれを完全に善用する途《みち》を講ずるならば、却って驚くべき公益を人間に与えるものであることは既に皆さんの御承知の通りであります」

「愛知用水は木曾川上流地帯に降る雨水を無駄に放流せず、これをうまく貯留して電源開発の国家的施策に寄与しつつ、その水を岐阜県を経て尾張の東南部に導入し丹羽、東春日井、愛知の各郡を経て遠く知多半島の先端まで通水せしめ、その地域全体の農業用水をはじめ工業用水の外、漁業、上水道、消防並びに保健、観光等の諸施設に役立たしめようとするものであります。若《も》しこの事業が成功するならば木曾川の洪水調節に対してもよき影響をおよぼし得るのみならず、その他木曾川関連の一切の既存の産業経済施設に対してもよき総合的効果を挙げ得るものと信じております」

「私どもは上来申し述べた趣旨により、今後機関誌を毎月刊行しこれを愛知用水の受益地帯の民衆の民主主義的思想文化、生活文化の向上に資すると同時に、これを愛知用水に関するわれわれ民衆の総意を表現する機関たらしめ、かつ関係者相互の連絡機関としても十分に活用していきたいものと祈念しております。

願くは江湖《こうこ》（注――世間）の大方、特に愛知用水の受益地帯の方々が本運動の展開と推進に対し、従来以上の御支援と御協力とをお与え下さるよう切にお願いする次第であります」（編集者、緋田工記）

同新聞三ページに〈愛知用水運動の念願〉が掲載されている。

「**〈愛知用水運動の念願〉**

一、尾張東南部地域に対する農業用水の供給

二、同じく工業、上水道、漁業および消防など諸用水の供給
三、木曾川の電源開発に対する寄与
四、木曾川の洪水調節に対する寄与
五、受益地帯の観光、保健施設に対する寄与
六、受益地帯における遊休労働力の活用に対する寄与
七、受益地帯の思想文化、生活文化の向上に対する寄与
八、其《そ》の他木曾川総合開発に対する寄与」

〈付録〉

「愛知用水新聞」(創刊号)二ページに愛知県知事桑原幹根の寄稿文がある。

「**〈啓蒙の太陽となれ――愛知県知事桑原幹根〉**

講和条約も既に調印され、平和日本建設のために国土の総合開発、就中《なかんずく》土地改良、食糧の増産が緊要の度を加えつつある今日、幸い「木曾川地域地方総合開発」の問題が正式に取り上げられ、その大動脈とも申すべき愛知用水事業が地元各位の熱烈な要望に支えられ、計画から実施へと急速な歩みをとりつつあることは洵《まこと》に慶びにたえません。

愛知用水が地方の総合的開発に大きな寄与をなすであろうことは今さら申上げるまでもありませんが、特に食糧の増産の上に甚大な役割を演ずることでありましょう。

民主日本としての凡《すべ》ての事業は、まず民衆の自主的自覚を促すための啓蒙運動に力を注ぐべきものであると考えますが、私は本紙がこの改良区の心を結ぶ紐帯《ちゅうたい》となり、また普《あまね》くニュースを伝える拡声器となり、お互いのための切磋琢磨の友となり、またどんな隅々までも啓蒙の光を与える太陽となるであろうことを信じ、切に本紙の御発展を祈ってやみません」

創刊号三ページには伊藤佐の「寄稿文」が見える。

「〈父祖の悲願――われらの愛知用水

伊藤佐（元農林省開拓局長、当時土地改良区設立準備委員長）

八千万国民待望の講和の年は遂に到来した。独立日本はまさに誕生せんとしている。このときに当たりわれらが愛知用水土地改良区も呱々《ここ》の声を上げげんとしつつある。誠に感なきをえない。

愛知用水の構想は遠く徳川時代に遡《さかのぼ》る。古来年々歳々旱魃に悩まされたわれわれの先祖が心から水を欲したことはいまと変わりがない。しかも眼を転ずれば木曾谷に源を発した大木曾川は洋々として空しく伊勢湾に流れさっている。この二つを結びつけようと考えたのは極めて自然のことである。

しかしながら当時の技術や経済状態、別して隣強互いに相うかがう複雑な藩制の下においては先祖の悲願も到底達成するに由《ゆえ》なかったのである」

「星移り時変ってここに幾百年、敗戦後の混乱沈滞した中から雄々しくも立ち上がったのがわれ等の愛知用水である。

顧みれば現在の愛知用水事業は昭和二十三年夏筆者が農林省に在職中半田市長森信蔵、久野庄太郎、緋田工、浜島辰雄の四氏が地元を代表して愛知用水の計画を携え上京されたときに端を発する。

早くも翌二十四年には国および県の調査がはじめられ、爾来《じらい》年を追って進捗、いよいよ二十七年度をもって調査を完了、設計も終り二十八年度からは国営農業水利事業として着工におよばんとするところまで漕ぎつけられた。誠に驚異的なスピードである。これ偏《ひとえ》に地元の熱意が国、県その他の関係方面を動かした結果にほかならない。

日本一の大用水―受益面積三万二千五百町歩、米麦のみの増産が年々米換算二十八万石、その他蔬菜、果実、畜産物、水産物等々の増産は莫大な数量に上がるであろう」

「わが国の食糧問題に一大貢献をするのみならず農家経済の改善は期して待つべきものがある。しかも本用水は単に農業上の利用に止まらず、発電、工業、水道、防火などの多方面にわたる利水をも目的とするもので、その効果は実に絶大なものがある。

古来文化と水はつきものである。愛知用水完成の暁、この地方の文化の飛躍的発達を見ることは明らかである。(中略)国および県の態勢はここに整った。残るは地元の土地改良区の結成のみである。現行法上は土地改良区ができなければ国営事業は実施できない。予算も認められない。

二十八年度の予算の編成は本年五月ごろには早くも準備に取りかかる。土地改良区の設立を一日も速やかに行わなければならぬ理由はここにある。

『国破れて山河あり』とは敗戦を嘆く古人の感傷であるが、われわれは幸いにして昔のままに残された山河を改善利用して日本の発展を図らなければならぬ。

講和第一年の政府予算に食糧増産の経費が著しく増加されたことは誠に意義がある。この一年は愛知用水にとってもっとも重要な年である。総額百五十億円にも上らんとする大工事を来年から着手するためには経費その他の点につき本年内に見通しをつけておかなければならない。

われわれは過去四年に数倍する努力をこの一年間に結集し、われわれの先祖の悲願を実現する第一歩を踏み出さねばならぬ」

愛知用水土地改良区の設立

土地改良区は、農民によって自主的に組織化された公共的性格の強い地域団体である。土地改良法によれば法人格を持つ団体である。農業用地の改良事業は、戦前は耕地整理組合法や農地開発法あるいは水利組合法に基づいて実施されてきた。戦後の農地改革を契機として、その精神を維持するとともに食糧増産の要請にもこたえ、これらの法律を統合整理して、耕作者本位にした土地改良法が昭和二四年八月に制定された。

尾張・美濃地方（愛知県西部・岐阜県南部）には、入鹿・宮田・木津・新木津及び羽島の各用水を利用・管理する水利組合があった。ところが知多地域は土地改良事業が遅れており、一部に小規模の水利組合、土地改良区が存在しているに過ぎなかった。

愛知用水の期成運動がしだいに高揚し、国家的事業として取り上げられる情勢となるにつれて、全地域を包含する土地改良区の設立を急がなければならないとの気運が高まった。愛知用水を国営事業として申請するためには、計画地域の耕作農民（有資格者）の三分の二以上の同意を取り付けなければならない。同時に愛知用水事業によって造成される施設の維持管理、農民負担金の徴収団体として土地改良区を設立することが、用水実現の前提条件であった。

二六年八月二八日、期成同盟会が中心（発起人久野庄太郎ら一八人）となり、愛知県耕地課の指導を受けて、土地改良区設立と国営愛知用水事業の申請同意書の作成に取り掛かり、調印の取りまとめ作業に入った。設立申請人は一六人だった。大島重治（丹羽郡城東村村長、当時、以下同じ）、永井泰平（東春日井郡篠岡村農協組合長）、梶田忠逸（春日井市農業）、水野愛三（東春日井郡高蔵寺町長）、安藤恭（東春日井郡守山町農協組合長）、青山光（愛知郡長久手村村長）、出原金蔵（愛知郡日進村農業委員）、鈴置理樹雄（知多郡大府町県議、農協組合長）、久野庄太郎（知多郡八幡村農業）、日高啓夫（知多郡東浦町県議、農協組合長）、瀧田次郎（知多郡常滑町県議）、中川益平（知多郡武豊町町長）、渡辺鎌太郎（平田市農協組合長）、久野源蔵（西加茂郡三好村元村長）、相川筆吉（知多郡豊浜町町長）、平野増吉（愛知郡豊明村村長）であった。申請人代表に久野庄太郎以外は考えられなかった。

二七年三月一七日、愛知県知事桑原に対して久野が県庁に出向き申請書を提出した。五月一日、申請人会議で改良区設立後の暫定役員として理事（一五人）、監事（三人）を決定した。理事長に伊藤佐《たすく》（前農林省開拓局長）、常務理事に久野源蔵（元三好町長）、久野庄太郎を互選して、第一回の総会で正式役員が選出されるまで改良区の運営に当たることになった。愛知用水運動は、農村同志会に始まり、これが期成会や期成同盟会に発展し、二七年五月八日、愛知用水土地改良区の設立にまで成熟した。

同年七月五日、愛知県庁を会場に第一回の総代会を招集したが、出席総代数は一八三人（定員一九六人）に上り、出席率は九三％に及んだ。役員選挙の結果、初代理事長に伊藤佐が選出された。伊藤は機会を見て愛知県から衆議院議員選挙に立候補する意向も抱いていた。同年一〇月一六日、愛知県知事桑原幹根は、愛知用水土地改良区設立申請人（久野庄太郎ら一六人）に対して、土地改良法の規定に基づき審査の結果「申請の事項を適当と認める」との通知（五月決定）を改めて行った。久野らにとってこれに勝る朗報はなかった。

FAO、世界銀行調査団の初来日

昭和二七年四月六日、日本の食糧事情調査のため来日したFAO（国連食糧農業機関、本部ローマ）事務総長ドット・カミング博士は、GHQ（連合国軍総司令部）外交部長ラデジンスキー、随員ダッドソンとともに愛知県内の愛知用水予定流域を視察した。知多半島は春の花が咲き乱れていた。一行は用水の必要性と経済効果を認めた。

上＝世銀ドール調査団、進んで説明する知事桑原
下＝ドール調査団長

次いで、同年一一月六日、FAOの進言に従って、世界銀行（国際復興開発銀行、世銀）極東部長ラッセル・ドールを団長に同融資部東洋主任デ・ビルデ、同次長ギル・マーチンを随員とした日本経済調査団が来日し、翌一一月七日二人の随員は愛知用水の予定流域を踏査した。この調査結果に基づいてドール団長は、日本政府と初めて正式に愛知用水の世銀借款をめぐって折衝を開始した。懸案の用水の世銀借款問題は、世界銀行首脳部と日本政府との交渉の段階に入った。同年一二月一〇日、世界銀行の副総裁ロバート・ガーナーが来日し、農林大臣広川弘禅と世銀借款による愛知用水の建設をめぐって懇談がもたれた。その結果、世銀借款は決定的との見方が有力となり、工事費や借款条件などの具体的条件の協議に入ることになった（世銀の現地調査や世銀との交渉は次章で詳述する）。

王滝村のダム反対運動

人口三四二二人の長野県王滝村では、〝王滝川にダム建設・村の三分の一水没〟といった報道やうわさ話が乱れ飛び新聞取材が過熱するにつれて、谷間の村に住む地元民の不安をあおった。「二子持ダム建設反対期成同盟会」（会長山瀬豊（村会議長、農業））が昭和二七年三月四日、「全村一丸となって」（機関誌）結成され、政府や愛知県など各方面に懸命の反対陳情を続けた。

「世銀借款（外資）が決定的になった」との新聞情報に、「二子持ダム建設反対期成同盟会」会長山瀬豊は村役場の広報紙『王滝』で見解を述べている。

「外資が二子持ダム建設に導入されることは建設に要する資金に見通しがつくわけで、われわれにとっては重大問題だ。先般から関係方面へ反対の陳情を行っているが、どんな事態になってもあくまで絶対反対の線で進むつもりだ。大体、下流の愛知県だけが受益して地元になんらのプラスにならないような開発は、総合開発とはいえない。外資導入については詳しい調査結果を待って対策をたてたい」

二七年六月下旬、『王滝』編集長杉本守男は、「最新情報が欲しい」との村民の要望を受けて二人の編集部員（松本、森谷）を名古屋市内の愛知県庁と農林省木曾川水系総合開発調査事務所に派遣し、得られた情報を同紙七月号に掲載した（原文のママ）。

「愛知県庁及び調査事務所の計画資料による愛知用水開発計画とそれに伴う二子持ダム建設の概要は次の通りである。

二子持ダムは、
一、湛水面積、約三六〇町歩（一町歩は一〇〇アール）
一、湛水面高さ、海抜八八〇メートル
一、堰堤の高さ、一三〇メートル
一、堰堤の長さ、四五七メートル
一、貯水量、約一億二〇〇〇万立方メートル
一、有効貯水量、約一〇億一〇〇〇万立方メートル
の大規模なもので、

この計画によると、王滝村関係では二子持、淀地、崩越《くずしこ》、三沢の集落全部と田島、野口の一部が水没する計算となるが（注――三岳村（現木曽町）では和田、黒瀬の二集落が水没する計画）、調査事務所では湛水面は田島村落小林旅館の二階と一階の境あたりになると言っている。

同所の調査によると、水没戸数は三岳村を含めて一二六戸、土地は台帳面積で水田約二〇町歩、畑五〇町歩、山林原野二三〇町歩となっている。堰堤の位置は二子持地内の鹿島組飯場下流の地点を予定しており、近くボーリングを行う予定で最も有力視されている。（以下略）」

この記事のすぐ下に長野県副知事松平忠久が「総合開発と二子持ダム」と題して寄稿している。

「二子持ダムの計画は禍《わざわい》を転じて福となし、知多半島の開発も出来るし、同時に王滝村、三岳村、開田村等の一大開発もできるように計画させることこそ必要である。私はこのような観点に立っ

て対処したいと思っている」

長野県としてはダム建設を受け入れるとの方針をにじませており、一連の記事は農民の落胆を誘うものであった（二七年一一月末、反対期成同盟会会長山瀬は土地の貸借問題にからんで会長を辞任した。そのあとを細尾征雄（元村長）が受け継いだ）。

新村長、ダム反対を表明

昭和二九年一月一一日、王滝村長松原が逝去した。選挙には細尾征雄しか立候補しなかったため、三月一日細尾が自動的に村長に就任した。この日、細尾は村役場全職員を前に訓示し、その骨子を「王滝」に投稿した。

「我々には生活する権利と幸福を追求する権利があることは村民全部が本当に心から腹の中に叩き込んでいなければならないことだと思う。多額の補償金うんぬんの話もあるが、そんなことに惑わされてはならない時である。とにかく絶対反対である。祖先以来永い間定着して来た土地と家、父祖の墓地を湖底に沈め、故郷を追われようとしているのである。ふるさとのない人生がいかに寂寞たるものであるか。山高く、水清らかなこの土地は、我々の愛する故郷である。ダム建設に反対するのは最早理論ではない。我々の感情である。心の底から突き上げてくる情の世界である。我々は全生涯を通じての重大岐路に立たされている。一時の迷いや謀略を排して、あくまで結束を固めて進まなければならない。団結の力こそ唯一の道である」

上＝ダム反対の看板
中＝王滝川に沿う木曾谷。「木曾路はすべて山の中である」で始まる文豪島崎藤村の『夜明け前』を思い出させる
下＝王滝川沿岸で暮らす人々。風雪に耐えてきた家を離れ山を下りる日が近づく

二九年五月二七日、西《にし》路《じ》孝《たかし》（農林業、元陸軍中尉）が「二子持ダム建設反対期成同盟会」の新会長に選出された。副会長杉浦哲二、横沢彦平、竹原半平。新村長と同盟会新会長は、ダム建設・絶対反対を叫びながら、抗しがたい大きな渦の中で奮闘する。

翌三〇年七月一四日、反対期成同盟会は曲折を経て解消されることになった。新たに水没者のみによる「ダム水没犠牲者委員会」が結成される。委員長は西路が務めた。反対運動は「絶対反対」から「条件闘争」に戦術を変更するのである。

久野の孤軍奮闘——人柱になっても

中部地方の新聞やラジオは連日のように愛知用水をめぐる動向を報道した。久野庄太郎は水源地王滝村で反対運動が高まっているとの情報を聞くにつれ彼自身も現地に出掛けて、反対農民を直接説得したいとの衝動を抑えきれなかった。「相手のふところに飛び込む」。熱血あふれる決意である。彼の孤軍奮闘ぶり（「王滝通い」）を、久野著『手弁当人生』から引用する。

「〈愛知用水ダム〉

われわれも同業者（農民）であるから、耕地への愛着心はよくわかる。しかし何としてでも（ダム建設を）承知してもらわねば、愛知用水はできないので、私どもの王滝通いは、足しげくなった。農林省でつくると決まった以上は、素人がかれこれいわないで放っておけば必ずできる。知らぬ顔をしていれば、それまでだが、私にはそれが出来なかった。

愛知用水期成同盟会には、費用が乏しかったので、三度に二度は自費で通った。親切な人は、〝一人では危ないから止めよ〟といってくれた。それほどに地元の反対は激しいものであった。私はなぐられても、不幸があってもよい。人柱になりたいとまで思って、通い詰めたが、指一本ふれた人はなかった」

「定宿の小林旅館の主人は王滝村議会の議長であったから、居心地はよくなかった。他にもよい宿はたくさんあったが、まず議長に了解してもらいたいことと、この宿は水没するの

二子持地区（ダム建設前、昭和32年）

で、今のうちに少しでも利益をあげていただきたいと思って、ここを定宿にして、用水の客は皆ここに案内した。議長も辛かったろうが、宿屋稼業をしている限り、断ることは出来なかった。と同時に、聡明な人で私の気持ちの分からぬ筈はなかった」

「そのころ、両村ともダム反対同盟会があった。王滝の会長は、西路孝さんといって、村の名門、三岳の会長は、坂下金次郎さん、これまた同村の名望家であった。ともに良心的な人柄で、今はやりの黒い霧を張る芸の出来ない人であった。西路さんは美しい髭をたくわえ、黒縁メガネ、近寄りがたい風貌の人であった。しかし、この人の了解を得なくては、ものにならぬので、平身低頭して訪問した。この髭と黒メガネより、なお恐ろしいのは、戸口に頑張っていた犬。私は元来犬が嫌いです。

『ダム絶対反対』『断乎と守れ、祖父の土地』などと大書した立札や張り紙は増えるばかりであった。それでも、私は根気よく回った。おかげで西路さんは頑《がん》としていたが、門口の大犬とは仲良しになった」

久野は常に「躬行者」（行動する人の意）であった。

第七章

Bankable！（融資可能にせよ！）

世銀借款交渉①

アメリカ人コンサルタント、エリック・フロアー

国家プロジェクト・愛知用水は食糧増産を推進して、敗戦後海外からの多量の輸入食糧に依存していた日本の貿易収支を改善し、同時に食糧の自給率を高めることを主目的としていた。だが米軍占領下の国家予算では、ぼう大な建設費をねん出することは不可能であった。政府は、GHQ経済産業関係担当幹部（経営学者）の助言に従って世銀（International Bank for Reconstruction and Development, 国際復興開発銀行、世界銀行）からの借款事業として愛知用水を推進することにした。「そのためには国際的に信用の高い外国コンサルタントに計画設計を依頼することが不可欠である」とGHQから再度勧告された。GHQの指令はもとより、助言にも逆らうことは出来ない時代であった（以下、『愛知用水史』、清野保『私のライフワーク』、浜島辰雄編著『愛知用水と不老会』などを参考にする）。

只見川調査時代のエリック・フロアー（前列左から2番目）

ＧＨＱ土木顧問として来日して福島県・只見《ただみ》川上流の電源開発地点の調査を行っていたアメリカ人土木技師にエリック・フロアー（Erik Floor, 1891-1958）がいた。彼は只見川上流ではロックフィル・ダムの建設が可能であるとの報告書をマッカーサー元帥に直接提出していた。ＧＨＱはコンサルタントとして彼を農林省に推挙した。フロアーはデンマーク・コペンハーゲン生まれのアメリカ人技師で、本社Ｅ・Ｆ・Ａ（Erik Floor & Associates）を中西部の中核都市シカゴに構えており、土木建設事業四〇年の経験をもっていた。ダム建設現場で脚に大ケガを負い歩行が不自由だった。なまりのきつい英語を話すアメリカ人社長は、ＧＨＱ首脳部に食い込み占領下日本の電源開発事業へ参入しようとしていた。

農林省技術官僚には、「コンサルタント」の概念がつかめなかった。技術顧問であるコンサルタントとの初出会いであり、海外からの技術協力も初めての経験であった。同省農地局技術課長清《せい》野保《のたもつ》は、ＧＨＱからの推薦はあったもののフロアーが適格か否かの判定に戸惑った。適格数社の中から選ぶべきであったかもしれないが、ＧＨＱの意向としてはコンサルタント雇用の基本方針は、ひとえにコンサルタントが信用に値するか否かにあると伝えてきた。参考例として司法事件のときに依頼する弁護士や病気のときに診断を仰ぐ医師の選択は、本人の納得ずくの全幅の信頼のもとに自分の生命財産をあずけるのと同様であるとの説明を受けた。清野は、その信頼は主観的なものであると同時に、第三者からの客観的信頼度がなくては認めがたいと主張し、GHQ当局との協議の結果、副総理林譲治からアメリカの陸軍省技術本部長に宛てて、フロアーの信用保証に関する回答を求めることとなった。約一か月後に回答が送られてきた。

「この会社は、陸軍技術本部の三か所の発電施設の設計に現在従事中であり、彼らの過去の業績は非常に満足なものと評価する。世銀の言によれば、この会社は完全に信頼し得るものと認められ、その報告書は必要あるときは追加資料を要求することもあるが、一般の見解としては総括的に受け入れられるものと考えている。輸出入銀行の言によれば、この会社は有能な会社であると認められており、この会社で作られた報告書は、如何《いか》なるものでも丁重な考慮が払われている」

農林省はこの回答を信用して雇用に踏み切った。だが水力発電の専門技術者としては有能であるかもしれないが、愛知用水計画のような農業開発を主目的とした総合開発計画の場合に果たして適切な人選であったか否か、なお疑問は残った。農林省はGHQの推薦でもあり、世銀借款成立のための必要十分な報告書を作成することを条件としてエリック・フロアー社（E・F・A）と契約を結んだ。昭和二八年（一九五三）四月一日のことである。エリック・フロアー社は日米合弁会社P・C・I（パシフィック・コンサルタンツ・インターナショナル、本社シカゴのE・F・Aと同じビル）を設立し、この会社が日米交渉や愛知用水の設計施工にかかわることになる。この会社を母体としてパシフィックコンサルタンツ㈱が誕生する。

唐突な提案――牧尾橋にロックフィル・ダム

愛知用水計画が実現の方向に大きく傾くにつれて、世銀の農業調査団が相次いで来日するようになった（前章で一部既述）。昭和二七年四月二八日、対日講和条約が成立しＧＨＱが廃止された。日本は独立し国際社会に復帰した。日本は国際通貨基金（ＩＭＦ）に加盟が許されることになり、その融資も受けられることとなった。同年一一月六日、第一回ドール調査団（団長ラッセル・Ｈ・ドール世銀極東部長）が来日して現地視察を行った。世銀融資についても最初の折衝がなされた。同行のデ・ビルデ、ギル・マーチンが知多半島でヒアリング調査を行った。次いで二八年五月一六日、アメリカ大使館経済参事官フランク・Ａ・ウェアリングが名古屋を訪れ愛知用水計画の説明を受けた。このとき、名古屋商工会議所はウェアリングに要望書を手渡し「計画の早期実現にはどうしても海外の資本・技術に依存せざるを得ない」と伝えた。同年一二月一〇日、世銀の副総裁ロバート・Ｌ・ガーナーが自ら進んで来日し融資についての突っ込んだ折衝が行われた。さらには翌二九年になると、三月に一連の陳情や要望が功を奏して、世銀の総裁ユージン・ブラックから、大蔵大臣小笠原三九《さんく》郎《ろう》（愛知県出身）宛てに書簡が送られてきた。

「日本経済を発展させるためには、土地改良干拓事業は重視されることが必要である」とした上で「日本政府の要請があれば、農業開発のために正式調査団を日本に派遣してもいい」との前向きな内容だった。書簡では最後に「開発協力事業の究極的な目標は、人々の生活と福祉を直接的あるいは間接的に向上させることである」と強調されてあった。

政府は、直ちに調査団の派遣申請の手続きに入ると同時に、愛知用水の具体案の取りまとめを始めた。

フロアーの現地調査（『愛知用水史』）

総裁の書簡を受けて、同年七月と八月の真夏に二度にわたって世銀の農業調査団が来日して、知多半島などで現地調査を行った。農業調査団は、調査結果から判定するとコンクリート・ダムでは経済性が少ないと思われると指摘し、これに応じて同行の農林省が愛知用水計画の技術支援を依頼していたコンサルタントのエリック・フロアーから、「牧尾橋にロックフィル・ダムを建設したらどうか」との判断が示された。農林省では、牧尾橋ダム案は地形や地質などに難題が多いことから放棄していた。ロックフィル・ダムの建設もそれまで手掛けたことがなかった。

エリック・フロアー社はその後予備報告書において、愛知用水の主水源のダムサイトを農林省が提唱していた二子持《ふたごもち》サイトから上流の牧尾橋サイトへ変更し、しかも日本で初めてのロックフィル・タイプのダムの採用を再び提案してきた。

技術課長清野保は回顧する。「農林省首脳部の心中はおだやかでなく、急遽牧尾橋ダム地点の地質・ガス発生状況などを調査するよう命じた。牧尾橋地点に関する詳細調査を二九年一〇月から始めて、三〇年二月まで約一六本のボーリングと約六〇〇メートルの横坑を掘って調査した」

農林省の結論は変わらなかった。二子持に重力式ダムを建設する方針で進んだ。だが施主側である農林省との間での事前了承なしの提案（ロックフィル・ダム）は、世銀当局によって受け入れられることになるのである。技術課長清野は調査資料を持参して渡米し、世銀との間でダム建設問題を中心とする技術的討議に火花を散らし、公団法案の審議にあたることになる。

総選挙での敗北

愛知用水土地改良区理事長伊藤佐（元農林官僚）は、用水事業の本格的推進のためにも、衆議院に打って出て国政の場で運動の地歩を固めたいと決意していた。久野庄太郎、久野源蔵、浜島辰雄ら愛知用水運動に早くからかかわった関係者も伊藤からの要請を受けて伊藤支援で動いた。しかしことはそう容易ではなかった。立候補を予定していた衆議院愛知二区（当時）は、現職の地盤が強固であり、自由党（自民党前身）公認も現職最優先であった。浜島は、勝機は薄いと判断して伊藤に立候補を断念するように申し入れたが、伊藤は立候補の意志を変えなかった。やむを得ず、三六歳の浜島は七間年務めた県立半田農業高校を辞職して、伊藤の筆頭秘書となり素人《しろうと》が「〈鉄火場〉の選挙戦に飛び込んだ」(浜島)のである。昭和二七年一〇月の総選挙では、準備不足の上自由党公認がとれなかったことが響いて落選(次点)で終わった。「選挙は労多く、資金面でも大変な無駄遣いであった」とは浜島の述懐である。事実、久野はこの選挙戦に多額の私費を投じた結果、自ら経営する愛知農林物産株式会社の破産の遠因を作ってしまった。浜島は半田農業高校の退職金一二万円をすべて失った。教職を辞した浜島は愛知用水土地改良区技師に再就職した。

翌二八年四月の「バカヤロー解散」(総理大臣吉田の失言による解散)後の総選挙でも理事長伊藤は非公認のまま立候補したが、またも次点に甘んじた。愛知用水は国政選挙の勝敗とは関係なく世銀融資事業として進んでいた。選挙戦の結果は事業の推進に影響は出なかった。「二度と選挙にはかかわりたくない」。浜島はそう誓った。

(二九年七月、「農聖」山崎延吉が他界した。愛知用水の完成を見ることなく逝った。享年八一)

愛知用水土地改良区理事長伊藤佐

政府――世銀への借款計画

昭和二九年五月、政府は農業開発、鉄鋼合理化、石炭開発、電源開発、機械設備近代化、高速自動車道路新設、干拓、工業港建設及び国鉄(現JR)などに対して、所要外貨二億五四〇〇万ドルに及ぶ外資導入計画を作成し、国際復興開発銀行（世銀）に申請した。愛知用水事業分については、所要資金二九四億五六〇〇万円のうち輸入機械購入などに充てる外貨一四〇五万五〇〇〇ドル（約五〇億六〇〇〇万円）であった。

農林省首脳には、当時の食糧事情からみて、国家予算拡大を期待されていたにもかかわらず予算獲得がおもわしくなかったことから、外資導入によって一挙に改善を図ろうとの狙いがあった。外資導入によって事業量の拡大を図ろうと考えたのである。外資導入の性質もインパクトローン（使途を制限されない外貨借入れ、「アンタイド・ローン」とも言う）として事業費の大部分を外資によってまかなうとの方針であった。

昭和二九年は日本の政局が揺れた年である。首相吉田茂の自由党に対抗して、新党を結成しようとする鳩山一郎などの動きが活発になってきて、新党促進協議会が全国遊説などを行っていた。そのころ首相吉田茂は外遊の計画をもち準備を進めていた。ちょうどそのとき打診を行っていた世銀の調査団が来日したので、政府は愛知用水計画を説明し理解を求めた。二九年八月三日付の信濃毎日新聞は報じている。

「この席で世銀の一行は、技術一般、水量と放水、水質の関係、ダム本体の規模、取水口の水量、水路の幹線と支線の水量などについて、矢のような質問を浴びせ、農林省当局者をたじたじさせる一幕もあった」

銀行として「Bankable（融資可能）」かどうか、探りを入れたのである。愛知用水の建設資金の大部分は借金であった。世銀から借り入れるのは全体の約一〇％でわずかと言えるが、残りの大部分はアメリカからの余剰農産物見返り資金に頼っている。これも金利が四分で四年据置き二〇年償還の借金である。事業が予定通り進行しない場合には余分の利子を払わなければならない。余剰農産物見返り円資金とは、アメリカの農産物貿易促進援助法（一九五四年）に基づき、アメリカが小麦、大麦、トウモロコシ、綿花などの余剰農産物を輸出するため各国との間で結ばれた協定である。日本は昭和三〇年（一九五五）に第一次協定（総額八五〇〇万ドル）、翌年に第二次協定（総額六五八〇万ドル）を締結した。代金の一部は共同防衛のための軍事費に当て、残額は日本への借款として供与された。三二年以降は、日本は余剰農産物の輸入を行っていない。

二九年一二月七日、吉田内閣から鳩山内閣に移り、農林大臣に河野一郎（一八九八－一九六五）が就任した。「党人派」の剛腕で知られた河野は、三次にわたる鳩山内閣で終始農林大臣を務め、昭和三〇年一〇月の愛知用水公団の設立から愛知用水事業の着工と完成までかかわった農林大臣であった。

農林技師清野保、アメリカに飛ぶ

農林省は昭和三〇年三月八日、世銀農業調査団報告書および副総裁ガーナーの覚書（交渉開始のメモランダム）に基づき、農地局技術課長清野保をアメリカへ派遣した。彼は英会話に堪能だった。大役を仰せつかった清野は仙台・伊達藩重臣の子孫で、昭和五年（一九三〇）東京帝大農学部卒。農林省入省後、愛知県、熊本県、山口県を経て、一四年農林省へ復帰した。戦後、鳥取県農地部長、農林省開

農林省技術課長清野保（村田家提供）

墾課長、技術課長、建設部長を歴任する。三六年愛知用水公団理事、次いで四三年副理事長に就任する。

清野派遣の目的は、①世銀提案の牧尾橋ロックフィル・ダムの建設に問題があり、農林省原案の二子持コンクリート・ダムの建設を主張すること、②公社法案に関する農地局の見解を伝え協議することなどであった。清野の滞米は五月七日までの長期間に及んだ。P・C・I（パシフィック・コンサルタンツ・インターナショナル）技師長河野康雄が同行した。土堰堤《どえんてい》（アースダム）の専門家である農地局設計課技官中村武夫は技術問題に関して協力するため、アメリカ出張の途次一行に加わった。

一連の交渉は難航した。技術課長清野が滞米中、農林省と交換した電信、電話、文書及び日本大使館から日本政府に対して発した公電が三月一五日から四月二九日の四六日間で、前者の場合二九回、後者の場合一〇回で合計実に三九回に及んだ事実からもうかがうことができる。日本大使館や領事館では毎日のように電信（極秘）を送受信していた。

ワシントンでは、公使渡辺武（大蔵省〔当時〕出身）、日本大使館官房長関守三郎、日本大使館書記官上田克郎、同中島清明の援助なども交渉を進める上において重要な役割を果たした。

清野の一行は空路サンフランシスコ経由でシカゴ・オヘア国際空港に着いた。三月とはいえ北風が吹きつけて真冬並みの寒さだった。

群がるアメリカ商社マン達

世銀借款の予備交渉のため太平洋を渡った清野らは、アメリカの商社マンと機械メーカーのセールスマンに付きまとわれた。それは押し合いへし合いの異様な光景であった。シカゴのオヘア国際空港へ着いたとき、早くもロビーで商社マンに取り囲まれた。清野は最初ジャーナリストたちかと思ったが、そうではなかった。ロビーで待っていたE・F・A社長フロアーは「清野は疲れているから、邪魔をするな」と激怒して、清野を取り囲む商社マンたちを排除した。「私の行動に関する情報はどこから商社マンに漏れているのだろうか」。ホテルに入った清野は不安になった。

別のエピソードを、『私のライフワーク』(清野保)から引用する。それはワシントンでの世銀借款交渉の際の機械発注にまつわる「秘話」である。

「ワシントン滞在中のことである。ある機械メーカーのセールスマンが私に面会を申し込んできた。暇がないと称して断ると、彼はそれでは朝食をホテルで付き合って欲しいと言ってきたので、コーヒー・ショップの朝食なら一緒にとっても良いと一応OKした。彼はその際『お前は、今度帰国すれば公団のディレクター(理事)になるだろう。そうしたら機械の発注についても責任者になれるだろう』と語って、次に『俺の提案をどう思うか』と切り出した。その提案というのは『公団が機械を発注するときは商社を通さないで、直接メーカーと取引してはどうか。そうすれば商社に支払う手数料の三％は無駄に出さずに済むことになる。そこで、相談だが、この三％分を君と俺とで折半すれば一五万ドルは君のものになる。どうだ、君は政治的野心はないのか、俺の知っている日本の政治家で、このような方法で政治資金を作って、現在では日本で有数の政治家になった者を知っているが、君はどうだ』と。

そこで私は、『そんな金をもらっても、日本へ持って帰れぬ』と言うと『そんなことは簡単だ。俺が君に代わってアメリカの銀行へ預金するようにしてやる。君は必要な時に、その金を引き出せばよい。万事、俺が巧くやってやる』というペテン話があった。そして私は『ディレクターになると決まったわけでもないし、第一、機械発注は日本の場合、世界競争入札になるはずだから、君の言うようにはならない』と拒絶して別れてしまったことがある」

清野は不愉快極まりなかった。そこには企業倫理のかけらもなかった。彼は資本主義大国の〈暗部〉を身をもって知ったのである。

シカゴ会議、ダムサイトをめぐる応酬

シカゴ会議が、アメリカ第二の商業都市のダウンタウンにあるP・C・I本社（E・F・A本社でもある）で開かれた（地元紙シカゴ・トリビューンの求人広告欄によると、Erik Floor & Associates——at 139 N. Clark Streetとある）。

P・C・Iは予備設計報告書（二九年（一九五四）八月）、報告書（同年一一月）、さらに追加報告書（三〇

年四月）を農林省の了解のもとに世銀に提出していた。社長フロアー、副社長ルービンス（Ralph E. Rubins）、P・C・I法律顧問ジルー（Carl H.Giroux）は、二九年度後半から三〇年度初めにかけて、数回にわたって世銀と技術的な問題に関する打ち合わせを行ってきた。ガッシリした体躯のフロアーは、清野との討議の冒頭、「非公式ではあるが」と断ったうえで、世銀のダム地点とダム形式に関する基本的意向を明らかにした。その要点は、

一、ダム建設地点を二子持《ふたごもち》地点から牧尾橋地点へ変更することによって約一〇〇〇万ドルの節約が可能であり、これが実現されなければ計画は経済的に健全ではない。

二、日本のような地質条件が悪く、貯水容量の少ない地点にコンクリート・ダムを建設することは、水資源の開発の上から不経済であり、好ましいことではない。世銀ではP・C・Iの提唱するようなロックフィル・ダムが、今後日本で採用されるダム・タイプとして考慮を払うべきで、愛知用水の水源としてだけでなく、日本の水資源開発という立場からも牧尾橋ロックフィル・ダムの建設を勧告したい。

これに対し、技術課長清野と農林技官中村は農林省の現地調査に基づき牧尾橋地点における地質上の問題点を改めて指

エリック・フロアー社の求人広告（シカゴ・トリビューン紙）

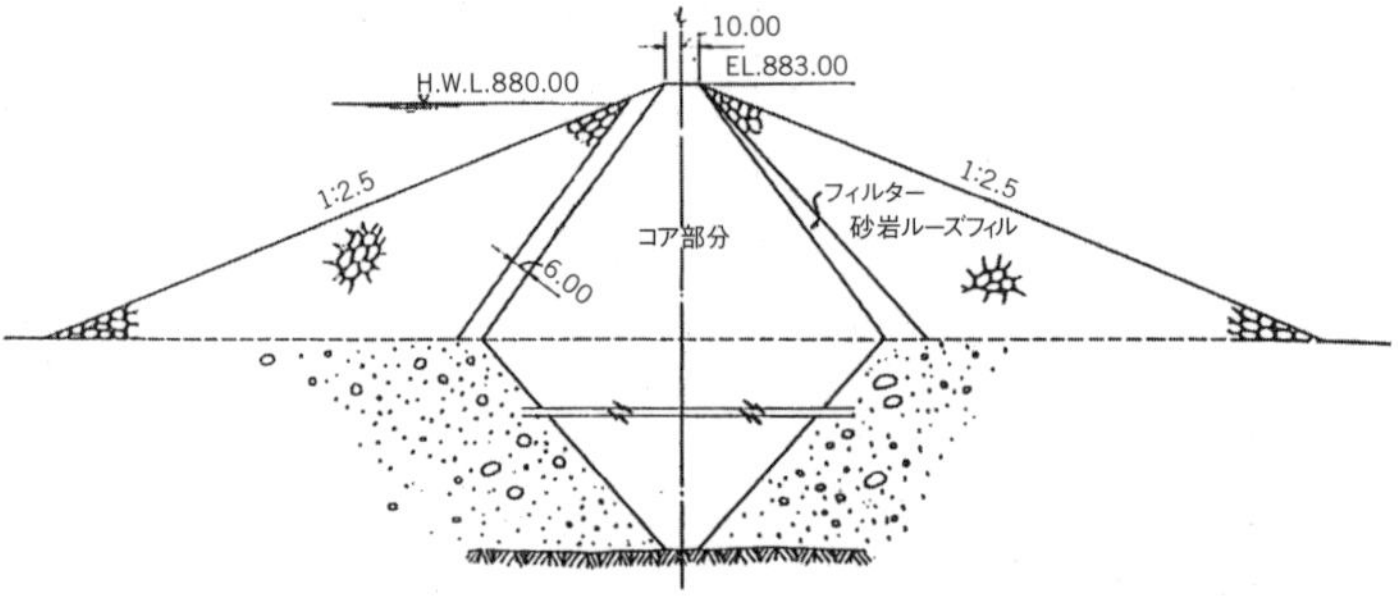

ロックフィル・ダム案（断面）

摘しフロアーの見解を求めた。その骨子は、

一、牧尾橋ダム付近から噴出するガスの化学分析については、名古屋工業技術試験所、京都大学農学部教授近藤康夫、農林省農業技術研究所化学部に依頼した調査結果を総合すると、いずれにあっても、その中の硫化水素は微量で、炭酸ガスが九〇％を占めていた。これは長時間にはコンクリートに被害を与え、これを防ぐためシリカセメント（混合セメント）を使用するとしても、これらの処理に全く経験のない日本技術陣としては保安上重大な問題が残る。従って牧尾橋はダム地点としては適当であるとは考えられない。

二、地質については、土木地質学者広田孝一、高田昭らの意見は次の通りである。

① 断層が多数存在し、深部はガス及び鉱泉によっておかされているため、漏水を完全に防止することは困難で、グラウト（漏水防止乳液）による耐久性についても不安定である。

② ガス対策上、この地点にコンクリート・フェーシング型式のロックフィル・ダムを建設することには不賛成である。

③地質的に予測しがたい不確定要素の多いところであるから、地質学者として本地点におけるダム建設に確信を持つことが出来ない。

三、P・C・Iは牧尾橋地点の基盤を七メートルから八メートルの掘削深によって岩盤に達するものと推定し、これに基づき、コンクリート・フェーシング型式のロックフィル・ダムを予備設計において採用したが、ボーリングの結果によると河床から二〇メートルから二五メートルの深さに岩盤が存在することがわかった。この岩盤上にある堆積土砂の処理をどのように考えるかに問題がある。

四、牧尾橋地点から四キロメートルから五キロメートルの範囲に、火山灰性の砂質ロームが多量に存在すると思われるので、これをコア（中核部）材料として使用した場合、八〇メートル以上の盛土の設計断面をどのように決めるか、また急速な施工方法を採用するときの締固め方法については、特に雨量の多い現場の特殊事情を考慮するとき、最適含水比など技術上困難な問題がある。

五、ダムを支える副堤（副ダム）の位置は和田鞍部《あんぶ》の旧河道に当たり、その基盤は最深部では地表から約一二〇メートルに及ぶ。基盤に見られる堆積物は砂・砂礫《されき》・砂質粘土、特に下部の大部分は砂層からなるためかなりの透水性の地層をなし、それゆえ貯水後の漏水、パイピング（流動化した土砂が水とともに噴出する現象）の危険がある。特に旧河道の両岸とこの堆積層との境は、崖錐《がいすい》（円錐状の崖）であると予想されるので、この部分には多くの空隙があると考えられ、透水が大きな問題である。

フロアーの反論

フロアーは大きな顔を赤らめ葉巻タバコをくゆらせて反論した。

一、牧尾橋地点の地質は良好とはいい難いが、現在までの調査資料から不可能とは断定できない。農林省の行ったボーリングの資料の中に示された破砕帯《はさいたい》はその幅及び方向が確認されていないし、またこのような破砕帯は下に行くに従って、狭くなる傾向をもっている。左右両岸の岩質の異なる点から予想される断層線を技師ニッケル（フロアーの雇用したアメリカの土木地質の専門家）は確認していないし、我々はこのような地質不良の地盤の基礎処理を行って、成功した多くの実例を経験していて、技術的に可能であると考える。またダムからの漏水はグラウトによって止めることが出来る。ただし問題はグラウトによる経費の増加である。

二、日本政府は、牧尾橋地点が地質的にダム建設上不良地点であるので、二子持に、従来からの建設の経験もあり、自信もあるコンクリート・ダムを建設したい意向であるが、世銀は経済的見地から賛成しない。

三、牧尾橋地点におけるロックフィル・ダムの設計について、コンクリート・フェーシング型式を採りあげ、コア型式を避けたのは、コアに使用する材料が付近に少ないと推定されたためである。しかし、実施設計では、ダム建設地点付近の材料を調査し、この材料を使用できるよう設計を行う。また、今回新しく提出された和田鞍部地点の粒度分析試験の曲線から、一部の土壌はコア材料として適当であり、もし土の重量が軽い場合は砂礫を混入して適当な粒度と重量を与えることが可能である。

農林省の決断

激しい応酬の結果、結論に達した。「標高八八〇メートルを最高水位とする牧尾橋及び二子持の

ダム建設が計画された渓谷（上＝二子持地点、下＝牧尾橋地点）

ロックフィル・ダム案を作成し、その経済性を比較することとする」

フロアーはすでに結論は出ているとの自信をにじませた口調であった。最後に「『Bankable（融資可能に）』を何よりも心がけてください」と語りかけた。清野には忘れられない台詞《せりふ》となった。彼はシカゴ中心街にある日本領事館から農地局長渡部伍良へ極秘電を打った。

「コンクリート・ダムでは世銀に否定される恐れが濃厚であることから、二子持のロックフィル・ダムが技術的に可能と思われるので、フロアーと意見をまとめて世銀と交渉したい」、「材料の精査を条件として、二子持のロックフィル・ダムはオープン・カットの中央コア型式に中村と意見が一致したので、世銀と交渉したいと考える」

次の日に農林省から返電（至急電）が日本領事館に入った。

「二子持の地質、土性、コア、材料の運搬距離、ロックフィル・ダムの場合の漏水による住民の不安、河川管理などの諸条件から、当方における目下の検討の結果では賛成できぬ」。農林省首脳部は二子持ロックフィル・ダムを否定したが、その後態度を和らげてきた。

「二子持ロックフィル・ダムの経済性を証明する材料がないまま、交渉することは無意味であり、ロックフィル・ダムの場合粘土を藪原（木曾郡木祖村）から採取し、コアは岩盤までとしコンクリート・重力ダムに比べて余り有利となる見込みがないため、コンクリート・重力ダムで交渉されたいが、そちらで試算し有利となるなら、その前提条件などを承知したい」

清野は農林省へ提案の電文を打った。

「世銀は牧尾橋案で了承しているので、牧尾橋ロックフィル・ダムの最高水位八八〇メートルで一応、借款交渉を成立させ、ダム建設地点及び型式については、実施にあたって決定してはどうだろうか」

これ対しては、農林省は牧尾橋地点案を拒否しながらも、四月一日に予定される世銀との交渉の基本線を示してきた。「借款成立後、詳細調査の結果、二子持八八〇メートルのロックフィル・ダムまたはコンクリート・ダムのいずれかに変更することとの条件付きで牧尾橋八八〇メートルダム案により借款を成立させることが可能であるか、返事待つ」

この首脳部の判断を受けて、清野は首都ワシントンの世銀本社で世銀との予備交渉に臨むことになった（日本が敗戦後世界銀行からの借入金によって実施した公共事業は三一件、総額八億ドルに上り、世銀から最も多く借款した国の代表格だった）。

第八章

交渉の厚い壁と公団の成立

世銀借款交渉②

舞台はワシントンへ——経済性優先

昭和三〇年（一九五五）三月二九日と三〇日、交渉の舞台をワシントンの世銀本社に移して、世銀と農林省農地局技術課長清野保との非公式協議が行われた。世銀側は極東部長ドール、農業課長デフリース、技師ピカリが出席して会議室で開かれた。戸外は分厚いコートが手放せない肌寒い曇りの日が続いたが、世銀本社の内部は背広がいらないほど暖房がいきわたっていた。

二九日、世銀側は清野に対して農林省案の二子持《ふたごもち》コンクリート・ダムに対し「否定せざるを得ない」と改めて表明した。だが清野はこれには納得できないとして農林省が二子持地点をダム建設地点とすべきであり、他の選択肢はありえない理由を説明した。

①貯水量が大である。
②基礎地盤が左右両岸及び河床とも同質の硬砂岩で、断層、ガスの懸念がない。
③牧尾橋地点のように地質不良に起因する漏水の心配がない。
④将来、ダム増築の経済的可能性は牧尾橋地点より大である。
これに対し、技師ピカリは声を張りあげて反論した。

「牧尾橋地点のような地盤は、日本独特のものではなく、アメリカ国内でも、また世界各国にも存在し、現に基礎処理が行われているから牧尾橋地点を技術的に不可能と断定する理由にはならない。貯水量が大であることについては、六〇〇〇万立方メートルの容量があれば農業用水と水道用水の需要を満たし得る。それ以上の貯水は増加発生電力によって償うことができるか否かを検討すべきである。自分の計算によれば牧尾橋八八〇メートルと二子持八八〇メートルの増加発生電力の差は二一七〇万KW／Hに対し、ダム建設費の増加は二〇億円であるから経済的であるということはできない」

続いて、清野はダム型式について質《ただ》した。

「農林省は二子持にコンクリート・ダムを建設する希望を持っているが、これに対する見解はどうか」

これに対して、ドールに続いてデフリースが答えた。

「原計画ではコンクリート・ダムは一一〇億円を要する。これは牧尾橋ロックフィル・ダムに比べて約七〇億円建設費増となる。このことは農業開発の資金を愛知用水計画に集中することになり、日本の農業開発を遅らせることになる」

さらに清野は「二子持ダム案では世銀借款の望みはないか」と念を押した。ドールとデフリースが「経済的に見て可能性は極めて低い」と断定口調で相次いで答えた。

世銀との非公式会談はここで打ち切られた。夕刻、ディナー・パーティが世銀内で開かれたが、仕事の話をする者はいなかった。事前協議の内容は予想されたとはいえ極めて厳しい内容だった。世銀交渉を日本政府ペースで軌道に乗せることはこの上なく困難な状態となった。ホテルに帰った清野は、牧尾橋ロックフィル・ダム建設に対する日本側の不安を解消するために世銀側に証明を求めるしかないと考えていた。

崩せない世銀の壁

昭和三〇年四月一日午前九時半、予備交渉が始まった。清野は日本大使館の書記官上田克郎と中島清明の同席を求めて、第一回世銀会談に臨んだ。世銀の幹部会議室が交渉の場に当てられた。P・C・Iのフロアーも出席した。席上、清野は世銀へ要請した。

「牧尾橋ロックフィル・ダムは日本側としては地質上問題があるとしているのに対し、P・C・Iは建設可能であると主張し、世銀もこれを支持している。わが国では、このような地帯にダムを建設した経験がない。そこで、これと同様な悪条件のもとに建設した過去の具体例があればその資

ワシントン官庁街（世銀本社もこの一角にある）

料を示してほしい」

世銀の技師ピカリもこれに理解を示し提案した。

「世銀サイドとしても現在、ダム専門家による検討待ちの状態である。P・C・Iの地質専門家で現地の地質に精通したニッケルは現在南米を旅行中である。彼をワシントンに取り急ぎ招致し、彼の到着を待って技術的検討の上資料の提供を求めてはどうか」

清野は交渉の日程が遅れてしまうことを懸念した。だが会談に出席していたフロアーと協議のうえ、至急ニッケルを招致することに同意した。その結果、四月六日に第二回会談が行われることになった。

実は、清野は会談に先立ち世銀のデフリース（オランダ出身の親日家）と朝食を共にし、今後の会議の進め方を協議していた。

「日本側としては、この際ダム型式については世銀側の意向を取り入れて交渉を進展させることが得策ではないか」

デフリースは真剣な表情をつくって進言した。これを受けて清野は日本大使館から農林省に極秘電を打電した。

「二子持または牧尾橋のいずれかにダム建設地点を選定し、一応世銀交渉を成功させ、その後、詳細な調査の結果、経済的にダム建設が不適当であることが判明した場合は、ダム地点の変更は可能である。コンクリート・ダム案については、世銀は否定的である」

「次の会談において地質不良な牧尾橋地点の代わりに二子持ロックフィル・ダム案を取り上げることを提案したい。返事待つ」

これに対して農地局長渡部伍良《ごろう》は「電報内容了承した。世銀の推薦する技術者を派遣するよう交渉されたい」と指示してきた。これは東京・ワシントン間で連絡を取り合うよりも、一応世銀交渉は事務的に進め、一方でダム問題は専門家の来日を求め、日本で専門的に検討したうえで決定したいとの現実的な提案であった。

第二回会談は予定より一日遅れて四月七日に開かれ、世銀側はドール、デフリース、ピカリ、P・C・I側はフロアー、ルービンス、ニッケルがそれぞれ出席した。日本側は前回同様に清野、上田、中島が出席した。席上ニッケルは、牧尾橋地点の地質について説明した。

「日本側の主張する欠陥は技術的には基礎処理により克服できるが、要するに基礎処理に投資する金額が問題となるので、これを確かめるために、より正確な地質調査が必要である」

清野は発言を求めた。

「基礎処理は技術上可能かもしれないが、要はそれが経済的であるか否かが問題である。日本側としては詳細な調査をするためにも、世銀の推薦するレベルの高い技術者を日本に招致し、日本側の専門技術者の納得のゆくデータを提供して説明することを要請する」

世銀のドールが発言を求めた。

「世銀はこのような問題には、その性格上直接関与しないことが原則であるので、技術者を派遣することはできないから、日本側でP・C・Iから専門家の来日を求めることとしたい。その専門家による詳細な調査の結果、牧尾橋地点が不適当であると意見が一致した場合は、ダム建設地点を二子持に移動してもよい」

デフリースは「ダムに関する検討は、この程度で十分である」と述べた。これをもって一応ワシントンにおけるダムに関する討議に終止符が打たれた。しかし、世銀側はダム問題に関する日本側の態度に不信感をいだき四月二〇日、駐米日本大使館を通じて次のような意向を打電してきた。

「世銀はこの交渉を進行させるためには、日本政府が自ら信頼し、調査設計を委託した技術商社(コンサルタント)が行った結論を日本政府が採用するものと了解して差し支えないか」

妥協案の模索

農林省農地局長渡部は昭和三〇年四月二一日、技術課長清野に打電してきた。

「牧尾橋ダム建設地点については農林省のみならず日本の地質専門家、エンジニアはすべて否定的であるので、牧尾橋案をP・C・Iが完全なるものとして決めることは、さらに充分な説明がない限り、農林省としては大蔵省や建設省など関係官庁の了解を得る見通しが立たない。それ故、牧尾橋に関しその可能性を論議するためP・C・Iの責任ある土木技術者を派遣し、その上でもし可能性が納得されるならば、調査設計の段取りを取り決めることとなると考えられるので、技術者の派遣を急ぐこととしたい」

清野は当時を回顧して言う。

「渡米したとき、農地局長は独断専行は絶対許さないと言われたが、向うへ参ると独断専行ではないが、やはり向うには向うの理論的根拠がある。また事情もある。技術もある。私としては日本政府の意向だけで突っ張るということはできないことはないが、私が向うへ行ったのは少なくとも世界銀行から金を借りる交渉に行ったわけです。向こうに行って交渉の模様をほとんど毎日のように農地局長へ電報を打った。ところが、その電報の返事がすこぶる曖昧《あいまい》で、いったい、ロックフィル・ダムで良いのか、あるいは、あくまで重力ダムで頑張れというのか判然としない。最後に、私は金を借りるのか、借りないのか。どっちか。断われと言うなら事は簡単だ、と言ったわけです。とにかく向うは『なるほど、お前が言うように、そういう悪い地質でダムを造ってはいけない。それはわかる。しかし、そういう地点にダムを建設した経験がないからといって不完全な調査のままで建設ができないという結論は早すぎはしないか、日本だけが火山国ではない。アメリカにもカリフォルニア州付近にもそういう事例がある。イタリアも然り。そういう悪い地質を処理している現実の問題があるにもかかわらず日本だけが、従来やっていないからできないと言って、それを断る理由はおかしいではないか』。これが第一の質問であります。

コンクリート・ダムについては『日本はどこに行ってもコンクリート・ダムを建設している。オール・コンクリートだ。日本は火山国で地質は悪い。だからといって良い地質の所を探せば恐らく日本のダム地点は数年足らずでなくなってしまうだろう。いったい、それで日本の農業開発なり、電源開発ができるのか。それでいいのか』」(『私のライフワーク』)

課題を残して帰国

世銀との予備交渉は三〇年四月二二日をもって打ち切られた。だが同日夕刻、世銀は日本政府へ大使館を通じ意向を重ねて伝えてきた。清野は帰国準備の最中だった。

「本件借款成立のために、世銀の担当者が一致して熱心に協力していることには疑問の余地はないが、協定成立のためには当該プロジェクトが多くの理事国代表の批判に耐える必要があるので、担当者として次の点につき日本政府の確認を得たい。

① ダム・サイトの技術的問題については、速やかに日本政府内の意見の統一をはかり、外国技術商社(コンサルタント)に詳細調査及び最終設計を委嘱するための必要な段取りを決定すること。

② 本計画の完成のためには多額の政府資金を長期にわたり必要とするところであり、もし当初の計画通り余剰農産物見返資金を今後数年にわたり利用することに見通し困難となった場合、日本政府の方針としては、その財源を別途確保するとの世銀に対する確約ができるかど

うか。

③　本件借款交渉を具体的に進捗せしめるためには、予算、公社（公団）法案、用地買収、工事用輸入機械、技術商社との契約、電力、都市用水との協定について本年度のタイム・スケジュールを提示されたいこと。

世銀としては、公社（公団）の性格に注文がある。公社法案が確定する前に世銀の法律専門家のほか、別途公社の事務の実施につき勧告するため専門家をも同時に派遣させたい」

これに対し、清野は政府を代表して回答した。

「①ダム建設地点は近日中にフロアーの来日を求め、日本において協議の上、その地点を最終的に決定する。詳細な調査設計はその決定に基づき公社成立後、外国技術商社に委嘱する予定である。②国内資金の手当て（予算）については、近く閣議決定を行う予定である」

◆

駐米日本大使と農地局長との方針の間には基本的に立場の相違が見られた。大使は牧尾橋地点を建設可能とする世銀の立場から現実的な問題解決の道をたどることを可としているのに対し、局長はこれを否《いな》とし、日本で最終結論を得たいとしている。交渉の現場に立つ技術課長清野は両者の板挟みとなったが、上司である農地局長の指示に従い、世銀側と公社法案や資金計画などの討議を行った。その後シカゴに飛び、フロアーに再会して、可能な限り早く来日することを求めサンフランシスコ経由で五月七日帰国した。公務に忙殺され寝食を忘れた滞米二か月間であった。

一連の会談を追想して、清野は言う。

「世銀側はロックフィル・ダムでなければバンカブル(Bankable)でないと主張するとともに、日本の地形、地質から見て、コンクリート・ダムの貯水効率の劣悪さと巨額の建設費を指摘し、日本の水資源開発はロックフィル・ダム以外にないと広言するにいたった。現在、日本に建設されつつあるダムの大部分がロックフィル・ダムであることを思えば、これは達見であった。

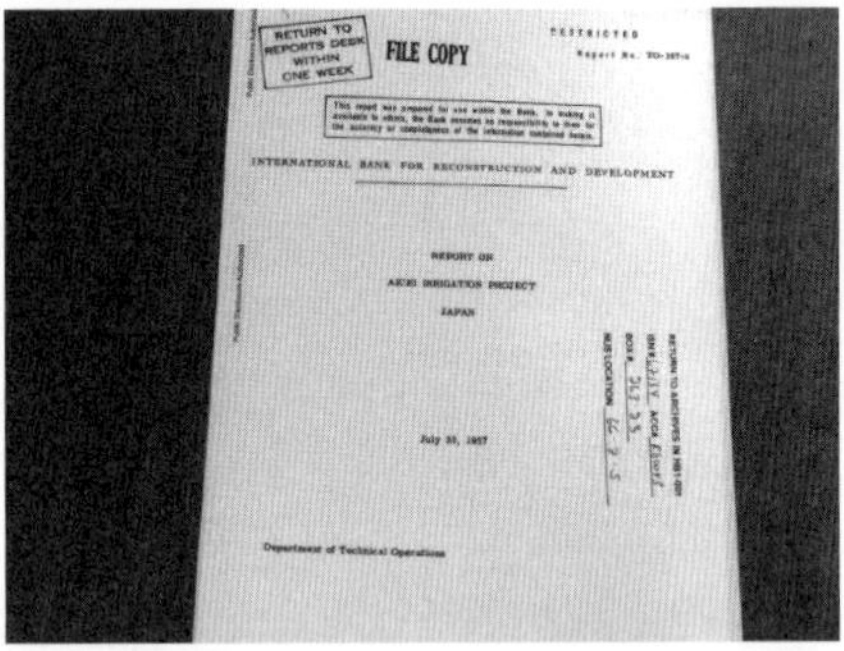
RETURN TO REPORTS DESK WITHIN ONE WEEK
FILE COPY
RESTRICTED
INTERNATIONAL BANK FOR RECONSTRUCTION AND DEVELOPMENT
REPORT ON
AICHI IRRIGATION PROJECT
JAPAN
Department of Technical Operations

世銀の愛知用水内部調査資料(世銀提供)

私は日本政府からの訓令に基づき、アメリカの専門技術者が来日して、現地での詳細な調査討論の結果、採否を決定することを条件として牧尾橋サイトのロックフィル・ダム建設を一応承認する形を採って予備交渉を進めたが、世銀は借款成立の条件として主要工事の構造設計とその施工管理についてコンサルタントを雇用することを持ち出して来た。

私としては、ダムサイトやそのタイプの決定について当事者の意向を無視したコンサルタントの信義に反した行動に対する感情論もあって、内心面白くなかった。そこで、もし設計及び施工上、瑕疵《かし》(間違え)があった場合の責任の所在について追及し、瑕疵により施主側に損害を与えた場合は賠償に応ずべきであると主張した。日本側としては、特にダム・タイプの変更については一応承諾したものの、全面的な確信を有していた訳でもないし、設計・施工管理に関するコンサルタント業務は初めてのケースであるので特に契約の上、コンサルタントの責任の所在を明らかにすることが雇用条件として必要であるとして回答を迫った」

「世銀側は突然の私の質問に戸惑いの様子を示した後、その日の回答を保留して会議を閉じた。翌日の会議で世銀側は『瑕疵に関する責任の範囲は、アメリカにおいては設計変更に要する経費の金額をコンサルタント側で負担する以外は、工事による損害の責任は負わない。しかし、瑕疵が発生したことにより、そのコンサルタントは名声を落とし、会社の経営は困難に陥り、社会的制裁を受けることになる』と述べたのは印象的であった」(『私のライフワーク』)

英語による交渉は困難であったとは言え、一応の結論に達し、借款成立への第一歩を踏み出す見通しができた。技術課長清野の献身的奉仕精神は評価されなければならない。同時に総理大臣吉田茂をはじめ政府首脳部の決断の成果でもある。吉田はアメリカの余剰農産物の援助によって敗戦後の窮乏した日本の食糧不足を何とか切り抜けてきた現実を重視して、対米外交上、日本政府みずからも食糧増産に払っている努力を具体的かつ国際的に示す方法として愛知用水など大規模農業開発に関する世銀借款獲得に積極的であった。

フロアーの再来日

世銀とのワシントン交渉の結果を踏まえ、六月一日農林省はフロアーを招いて、建設省河川局、通産省公益事業局（すべて当時）の専門技術官それに電源開発の地質専門職、大手ゼネコン間組《はざま》取締役、農林省担当官らとともに現地調査を行った。清野も参加した。

帰京後、牧尾橋ダムについて同月中旬と下旬の二回にわたりフロアーを交えて農林省や関係各省の担当官と協議した。フロアーは回答を提示した。

「日本の地質学者や技術者諸氏は地質不良と断定されたが、ボーリングのコア採取率及び使用された旧式の機械の型式から判断すると、そういう結論を出すには不十分なデータと考える。われわれの地質学者であるニッケルによると、ダム建設地点に存在する地質構造上からは、ロックフィル・ダムの建設を不可能とするような軟弱あるいは望ましからざるものは今のところ見当たらない。ただ、危惧が表明されている点は、鞍部に旧河床の砂利または粗《あら》い材料からなる層が存在し、このために漏水が多過ぎて、牧尾橋ダムの構築は望ましくないのではないかということであった。しかし、この渓谷は洪水の浸食作用の働きが加わって出来たことを考えるとき、この谷の狭さは、他のいかなる場所よりも両岸の袖部分は強固なものであることを証明し、一方、鞍部については高い標高において河流を変更させた程、鞍部の旧河床堆積物は当然堅固であるに相違ないと考えたのである」

「ダム型式については、最初に用土に関する報告が得られなかったので、傾斜または中央コア型式のロックフィル・ダムは考えなかったが、旧河床部（和田鞍部）の土壌分析の結果からは、おおむね用土として利用することが出来ることを知ることができた。そこで中央コア型式のロックフィル・ダムについて牧尾橋と二子持と比較検討した結果、三〇〇万―四〇〇万ドル節約できるという結論が得られたので、牧尾橋建設地点を選定するよう勧告するものである。これに至るまでには手持ちの資料を世銀側に提出し、銀行側とすべての技術的問題、工事費その他を検討の上、決定するよう指示を受けた次第である。ダム建設地点については非公式ではあったが、関係各省の技術官の了解のもとに、牧尾橋ダム建設地点の技術的可能性が認められた」

現地調査するエリック・フロアー（足が不自由でよく座っていた）

「具体的な事項のうち、ガス処理については、ガスの経路を発見して構造物に到達する前に遮断《しゃだん》すること。化学的作用については、現在の調査資料ではグラウト材料を決定することは出来ない。グラウト工法については、水圧試験の結果から、その密度、深さ、限界を論ずべきである。鞍部の段丘を掘る必要性も止水壁も不要と思う。なぜならば、現在のボーリング孔中の地下水位は大体標高八七〇メートル位の所に上っているからである」

フロアーは日本側の地質調査に使用したボーリングの機械やその手法が不適当ではないかという点まで踏み込んで指摘し

た。

「ダム建設地点の調査というものは、請負業者に任せておくという仕事ではない。アメリカにおいては、施主側がコンサルティング・エンジニアの勧告によって目的に一番適した機械を買い、この機械で長い経験を持つボーリング専門家を擁する会社と契約を結んで、こちらの定めた仕様によって日額で金を支払う」

日本政府調査団には工事施工にあたって地質調査上の注目に値する発言と受け止められた。通産省技師は「ダム建設地点が牧尾橋地点に変わったのは経済的理由と聞いているが、他に理由があるか」と改めて質問した。フロアーはまたも同じ問いかと顔を曇らせながら答えた。

「地質技師ニッケルの地質調査の報告書に関する限り、三か所のダム建設地点（薮原、二子持、牧尾橋）の基礎の状態は地質学的及び地質構造からは同じ状態で、ロックフィル・ダムまたは土石堰堤《えんてい》を造るのに決して困難性はないという判断しかくだせなかった」

「二子持においては河床の堆積物が深いので、コンクリート重力式ダムを造るより他はない。しかし、牧尾橋においては、河床の堆積物の深さは、二子持上流の狭い峡谷における河床堆積物七～八メートルから最大洪水流速を計算して推定すると、牧尾橋地点のそれは七～八メートルであると考えられるし、また、地質構造、旧河床の問題を頭に入れてコンクリート・フェーシング型式のロックフィル・ダムの構築が可能であると想定して、二子持コンクリート・ダムと比較した場合一〇〇〇万ドルの節約になると結論を出した」

同行した農林省技術課長清野が、二子持八八〇メートル案と牧尾橋八八〇メートル案の経済性の比較について補足説明をした。

「八八〇メートルの同一水位とした場合、前者の貯水量は八五〇〇万立方メートル、後者のそれは六三〇〇万立方メートルであるが、農業の必要水量を六三〇〇万立方メートルとすると、貯水量の増加分は全部電気専用となり、電力部門で費用を負担しなければならない。この場合の増加電力は毎時二一七〇万キロワットであり、牧尾橋と二子持の年経費の開きが一億八二〇〇万円であるので、電力毎時一キロワット当りの原価は六円となり、増加貯水による電力効果は経済的であるとは言えない。つまり、牧尾橋から二子持に水位八八〇メートルでダム建設地点を移すとすれば、電気目的からは賛成できないことを世銀は主張している」

さらに、ガス問題、クラック（岩壁の割れ目）を処理するためのアスファルト・グラウチングをめぐって質疑応答が繰り返された。

農林省や建設省をはじめ関係各省の技術者間で牧尾橋ロックフィル・ダム計画の認識が深まった。農林省木曽川調査事務所ではフロアーの推奨するボーリング機器を購入して、牧尾橋ダム建設地点と和田鞍部の地質調査さらにはガス圧の測定、和田鞍部の浸透試験を実施した（公団成立後、牧尾橋ダムは「牧尾ダム」とその名称が改められた）。

愛知用水公団発足（『愛知用水史』）

愛知用水公団発足

昭和三〇年（一九五五）七月、愛知用水公団法が第二二回特別国会で成立し、同年一〇月愛知用水公団（水資源開発公団を経て現水資源機構）が発足した。日本の水利開発史上最大の土木事業が開始されるのである。初代総裁には元東京銀行頭取浜口雄彦《かつひこ》（一八九六―一九七六、元首相浜口雄幸の次男）、副総裁には元電源開発副総裁進藤武左衛門が就任した。同月公団牧尾ダム堰堤事業所の初代所長に農林省技術官僚瀬戸忠武が命じられた。

総裁浜口は地元紙中日新聞のインタビュー取材に応じた（昭和三〇年一〇月付け記事）。

「**〈私はこうしたい―東海地方の三大事業責任者は語る〉**（見出し）

（注――残り二つの大事業は、四日市旧海燃（昭和石油）と佐久間ダム。総裁就任を前にしたインタビュー。役所名などはすべて当時のママ）

「**経済効果疑いなし**」

（問）国鉄総裁などの要職をたびたびことわられたのに、愛知用水公団総裁は、即座に引き受けましたね。

(答)愛知用水という大工事がいろいろな経済効果を地元にもたらすことは間違いない。貸し付け条件のやかましいあの世界銀行が『うん』といったくらいだから。しかし本当のことをいうと、ぼくは、こういった直接的利益以上の効果をねらっているんだよ。この事業は大規模な外資導入が日本で成功するか、失敗するかのテストケースだ。日本はアメリカより金利は随分高いのに、それでも外貨はなかなか入ってこない。これは外国人が日本に不安感を持っているからだ。この事業は是非《ぜひ》ともぼくの手で成功させてみたいと思っている。これに失敗すれば、他の借款はもう続いて日本に入ってこないよ。ぼくの興味をそそる点は、まさしくここだと言いたい。もっとも農産物が世界的に過剰となって値下げを続けている現状で、ばく大な資金を農業に投資するのはむだで、それよりも輸出産業の合理化のため投資すべきだという意見もある。ぼく自身としてもこれは一つの意見だと思う。しかし、世界銀行の融資も決まり、すでに着工準備が着々すすんでいる今となって、ぼくはこの事業を少しでも効率の良いように、少しでも早く完成するように導いていきたいと思っている。

愛知用水公団総裁浜口雄彦(『愛知用水—その建設の全貌』)

「外国製機械も使う」

(問)負担金が高すぎるという声が農民の間でも産業界で

浜口総裁以下公団幹部が着任し、愛知用水公団の業務が開始された（『愛知用水史』）

も高まっていますね……。また建設資金の見通しに不安はないでしょうか。

（答）負担金は、農林省が中心となって大蔵省、通産省、建設省、厚生省さては自治庁まで加わって、慎重に討議して決めるのだから、負担し切れないほど受益者に重荷を負わせるはずがない。世界銀行は、なんといっても超一流の銀行です。そこがしっかり太鼓判を押したのだし、心配はいらないと思う。受益者が負担金にたえられぬような事業なら金は貸してくれませんよ。資金の見通しも、日本政府が世界銀行に責任を負っているぐらいだから、これもとり越し苦労だ。ただ貴重な外資でやる事業なので、できるだけ早く完成したいのだが、それには外国製機械をどしどし採用しなければならない。

「現地調査に協力望む」

（問）愛知用水を通じて総裁と地元との関係が大変密接なものとなるわけですが、その際、地元への希望や注文はありませんか。

（答）ぼくの最も心配しているのは、長野県王滝村の水没地域などの補償問題だ。地元の皆さんが土地に執着される気持ちもわかるが、何分国家的事業だし、その点わかっていただきたい。金銭補償よりも愛知用水で新しく開ける田畑に移住してもらうという方法をとりたいし、補償基準も電源開発の場合の先例をくんでやりたい。（中略）ダム地点が牧尾橋にきまった点について異論もあるようだが、すでに資金計画も牧尾橋として整っており、その上、工事費が安くて能率も良いというのだから、今さら他の地点に変えることもできまい。一つ、地元の人に考えてもらいたいのは、この愛知用水は観光資源としてもなかなか捨て難いということだ。

「汚職は世界の物笑い」

（問）最後に大工事につきものの汚職対策は……。

（答）その質問は真先にしてもらいたかったよ。言うまでもなく厳重の上にも厳重に取締る。考えてごらん。普通の事業で汚職が出たとしても、まあせいぜい国会を騒がすくらいなことだが、愛知用水の場合は世界中の笑い物となる。道徳的に軽べつされるだけでなく、経済的にも信用をなくして今後外資が入ってこなくなる。恐らく世界銀行もこの点をじっくりみつめていることと思う。くりかえし言うようだが、厳重すぎるくらい厳重にやっていく。（インタビュー――東京銀行本店で）

「もはや戦後ではない」。昭和三一年度版「経済白書」はうたいあげた。三〇年度の実質国民総生産（GNP）が戦前のピーク時を上回ったからである。昭和三一年度の民間設備投資額は前年度比四〇％という驚異的な伸びを示した。三〇年に政府が策定した「経済自立五ヵ年計画」は計画期間中の実質経済成長を五％と見込んだ。三一年・三二年の二年間でそれを達成してしまった。日本の景気は建国以来のものだとして「神武景気」との造語が流行語になった。

◆

世銀との調印

世銀との借款契約は度重なる現地調査と三年に及ぶ厳格な審査を経て、昭和三二年八月八日にワシントンの世銀本社で調印された。貸付契約と保証契約の調印は翌九日、世銀総裁室において世銀総裁ユージン・ブラック、公団総裁浜口雄彦、駐米大使朝海《あさかい》浩一郎の間で行われた。農林省建設部長となった清野保も陪席した。清野は目じりにあふれる涙を抑えることができなかった。当初の契約限度額は七〇〇万ドル（約二五億円）であったが、その後事業実施の過程において大幅に減額修正され、結局四九〇万ドル（約一七億円余り）となった。借款供与の条件として、世銀の要望は四項目であった。

① 五ヵ年で事業を完成させること。

② 所要の円資金の調達確保について、日本政府がこれを保証すること。
③ 新しい海外技術を導入するため、コンサルタント・エンジニアを雇用すること。
④ 事業による経済効果の完全な発揚のため、畑地灌漑及び営農のコンサルタントを招聘すること。（条件はすべて達成されることになる）

世銀の借款融資は開発援助評価の「原則」に準じた判断であった。ＯＥＣＤ（経済協力開発機構）で採択された「開発援助評価の原則」は多くの国際援助機関で採用されており、五項目で構成されて

世銀借款契約の調印風景と世銀との契約書など（『愛知用水史』）

いる。

① Relevance（妥当性）
② Effectiveness（有効性）
③ Efficiency（効率性）
④ Impact（影響力）
⑤ Sustainability（自主発展性）

公団、E・F・Aと技術契約

愛知用水公団が契約したコンサルタント・エンジニアは必然的にエリック・フロアー社となった。世銀の要請に基づいて判断されたものである。E・F・Aは公団と技術協定を結んだあと、四年間に二〇人の専門技術者を来日させた。仕事の役割は、主要工事の設計、施工、監督について指導することであった。彼らの技術や職務に対する態度はプロとして徹底していた。どこの現場でも自分が技術組織の指導者であり同時に一員であるとの自覚を忘れなかった。プライドとチームワークである。彼らとの技術提携を通じて愛知用水は技術開発の面で多くの利益を得た。先進の海外技術との提携は日本人技術者の精神改革にも寄与した。

アメリカ式設計は三段階に分けて進められた。

① 予備設計（Preliminary design）……構造物の位置、タイプ設計基準、設計計算と工事費の概算。

②基本設計（Final design）……詳細な設計計算と工事費見積もり、基本設計図・工事一般仕様書の作成。

③工事設計（Construction design）……工事費確定、工事設計図、工事特別仕様書の作成。

この最終の工事設計によって、はじめて施工業者と契約を結び工事着手という段取りになる。大きな手戻り（やり直し）がないということが、このシステムの強みであり特色である。アメリカの技術支援で戦後完成した大型ダムは、佐久間ダム、上椎葉《かみしいば》ダム、只見川ダム（いずれも電源開発）に続い

上＝愛知用水公団の本所は名古屋市に置かれた。背後に名古屋城が見える（『愛知用水―その建設の全貌』）
下＝日米両国の技術者が机を並べて業務に従事した（『愛知用水―その建設の全貌』）

て愛知用水の牧尾ダムが誕生する。灌漑用としては第一号である。

E・F・A社長エリック・フロアーは三三年（一九五八）七月一三日、動脈血栓のためアメリカ・シカゴで逝去した。享年六八。

第九章

久野の倒産、巨額な水没公共補償、そして着工

偉大なテストケース

昭和三二年八月九日、世銀との借款契約が調印され愛知用水事業に事実上の〝ゴーサイン〟が出された。それは長く厳しい道のりだった。愛知用水公団総裁浜口雄彦は調印後のステートメント（声明）で決意を吐露する。

「率直に申し上げれば、時にはじれったい気持ちで本日を待望しておりましたゆえに、本日の私の心境は極めて爽快なものであることを告白致す次第でございます。かえりみまするに、私共がこれまで歩んでまいりました道は決して平坦なものではなく、私共の前進を阻むいろいろの障害を一つ一つ辛抱強く克服せねばなりませんでした。現に私共の前途に横たわる道も恐らく私共が

これまでたどって参りました道と大差ないものかもしれません。だが私共といたしましては今後とも人為的にまたは自然によるどのような挑戦に出会いましても、確固たる信念を持って最終目標にむかって邁進する決意を固めております。世界銀行を説得し納得させることは極めて微妙な、そして言うなればすこぶる面倒で大変忍耐を要する仕事でございました」

「私は、私共の事業全体が全く独特のものであり、かつまたわが国においては、未だかつて単一公団によって計画実施されたことのない、この多目的事業の重要性をとくに皆さまに印象付けたと思うのでございます。これは一つの偉大なテストケースでございまして、その結果はわが国で行う大規模な土地開発計画に極めて大なる影響を及ぼすことになるのでございます」

「世銀からの借款額は、総工費の僅か一〇分の一にもみたないのは事実でございます。それにもかかわらず私は、この借款が極めて重要な意義のあるものであることを保証いたします。なんとなれば、これは我が方の事業のために重要かつ極めて望ましい推進力の役割を果たすことになるからに外なりません。まもなく本工事着工と同時に、自然に対する熾烈《しれつ》な挑戦が木曾川上流の美しい山谷の静寂にこだまするることでしょう。それが私共にとって真にうるわしいシンフォニーに外なりません。そして幕が下りた時にこそ多くの貧農民や水不足に悩む地区住民の長い夢が遂に実現されることになるのでございます。……」（『愛知用水史』）

世銀借款は契約締結後も詳細な業務の報告を負わされているが、この借款が愛知用水事業の早期完成に果たした役割は極めて大きい。アメリカの技術援助はもとより最新技術（ノウハウ）・大型重機がアメリカから導入できたこともその一つである。

久野の会社、破産

愛知用水運動の指導者の一人久野庄太郎は厳しい現実の壁に直面した。経営する会社が倒産するのである。その経緯は一〇年ほど前にさかのぼる。昭和二四年四月、久野は愛知用水運動の同志緋田工《あけだたくみ》の勧めもあって愛知農林物産株式会社を設立した。緋田は「何をやっても自弁自費主義・手弁当主義」である久野の家計のひっ迫を心配して会社設立を進言したのである。会社は名古屋市内に置くこととし、主として北海道のデンプン、小豆類や岡山産の畳表を名古屋やその周辺の会社に売りさばく商売《ビジネス》であった。社長・久野庄太郎、専務取締役・長男久野彦一、常務取締役・緋田工という素人集団であったが、相当の収益を上げた。実務は若い長男が担当した。

久野は「無駄金を使わぬことに興味を持ち続けて生活してきた」(『躬行者』)が、愛知用水運動だけは違った。その巨額の経費(運動員の出張、宿泊、飲食、懇談などの経費)は自らの預貯金はもとより田畑まで売って捻出した。用水運動を資金面で支えてきたのが久野だった。出費の中には、昭和二七年、二八年の愛知用水土地改良区理事長伊藤佐の衆議院議員選挙の運動資金も含まれていた。多額の持ち出しにより会社の経営が傾き出した。その最中、愛知農林物産株式会社の手形が不渡りになることを察知した債権者の取立人が、農林物産の運転手をだまして会社の倉庫の鍵を作り、二九年七月一六日夜、倉庫に積まれていた小豆《あずき》・デンプン・畳表などの商品類をトラックに山積みして全部持ち出した。翌日手形が不渡りとなり会社は倒産した。手形の裏書きをした久野庄太郎と久野彦一は破産宣告を受けた。直ちに破産管財人の管轄下に入り、一切の業務停止と財産の凍結保存の措置がとられた。五〇歳半ばにして味わう挫折である。久野の目の前が真っ暗になった。

財産を失った一家は離散となった。知多郡八幡村（現知多市八幡町）の家屋敷や家財道具には赤紙が張られ競売に付された。家屋敷だけは庄太郎の実弟たちの尽力により後日買い戻された。

運動から排除される

悲運の中でも、久野は意気消沈などしていなかった。むしろ意気軒昂であった。愛知用水着工に向けて愛知用水公団が設立され、世銀からの借款実現も間近だった。彼は「わが家の破産・離散も覚悟の上」と関係市町村を回り、愛知用水完成後の用水利用の計画作成に当たる利水委員会設立を説いて回った。このころの運動のスローガンは、①公団の民主化を望み、受益者と親密になっていただく運動、②農民の自主性確保の推進運動、であった。

この間、愛知農林物産株式会社の設立発起人・常務取締役緋田工は、破産の累《るい》が自分の身に及ぶことを恐れて、社長久野から「緋田は会社と一切関係ない」との一札をとって名古屋市内の証券会社顧問となって去っていった。

◆

「今日午後四時に常滑《とこなめ》農協に来てください。重要な案件があります」

三〇年二月一〇日昼、久野は半田市の愛知用水建設期成会事務局長田村金平から突然電話連絡を受けた。久野は了解すると浜島辰雄と一緒に常滑農協に向かった。同農協の会議室には、愛知用水建設期成会副会長滝田次郎（常滑町長）、同中川益平（武豊町長）、事務局長田村金平が待っていた。中川が開口一番語り出した。

「久野さん、このたびの破産宣告については、期成同盟会森信蔵会長（半田市長）ともども重大な責任を感じている。愛知用水も着工の見通しがつく段階まで来た。久野さんにこれ以上の負担をかけては申し訳ない。本日から愛知用水運動から手を引いてもらいたい」

青天の霹靂《へきれき》である。倒産以上の衝撃であった。久野の顔面は蒼白となった。全身の血が逆流する思いだった。数分間の沈黙ののち、久野は口を開いた。

「ハイ、分かりました。いろいろお世話になりました。ありがとうございました」

久野はこれだけ言うと農協を足早に出た。浜島があとを追った。久野は追想している。

「愛知用水建設は目の前だが、これからの努力が大切だ。世界銀行の融資。愛知用水公団の設立。ダム位置の決定。水没者の世話。水を使った新しい農業の推進をどうするか。なぜ三人だけでこんな重大な問題を切り出したのか」（『躬行者』）

久野は赤紙の張られたがらんどうの自宅へ引き返した。彼は働き盛りのころから愛知用水実現に向けて血のにじむような努力をしてきた。これからが一番大切なときである。木曽川の水を使った新しい農業が始まる。水を使って利益を生み出し負担金を完納して農家の経営が安定するまでにはまだまだ遠い道のりだ。「俺を追放してうまく行くのか！」。彼の心は千々に乱れて収まらない。「凍《い》て鶴《づる》」。彼は自らをそう思った。寒中に凍ったように動かない（又は動けない）鶴に自らをたとえたのである。

ここで引き下がるような久野ではない。浜島は久野の身が心配で一か月間ほど久野について回った。その後、久野は「俺はまだ人間ができていなかった。しばらく修行する」と言いだして、京都・山科の丘陵地にある一燈園《いっとうえん》（明治三八年西田天香が創設した修養団体）に救いを求めることにした。同園を興した西田天香師（一八七二－一九六八）とは著書『懺悔の生活』に深い感銘を受けて以来親交があった。老師に修行したい旨を伝えると、老師は「それではしばらく当園で人生を考えてみてください」と快く引き受けてくれた。老師も北海道の開拓事業に挑んで失敗した経験があった。

どん底〈一燈園での懺悔の生活〉

久野は心労で精神的に参っていた。そして飛び込んだのが一燈園であった。久野は語る。

「用水のことが自分の人生のすべてであり、命であった時にストップをかけられ、気が狂いそうだ。破産は覚悟の上であったが、現実に破産してみると、経済行為の一切を断ち切られる。破産は簡単に解けるものではない。思ってもみなかった重圧が身にかかって来た。後から聞いたことであるが、天香さんまでが『久野さんは破産の始末を一燈園に持ち込むんではないかと心配された』

ということを聞き悲しくなった。そして、ここは何もかも、成り行きにまかせて、一燈園の懺悔の生活に入るのが肝心だと、一切世間の生活を断ち切って修行の道に励んだ。そして誰が来ても会わなかった。誰に勧められても山を降りようとしなかった」（『愛知用水と不老会』）。久野は五七歳だった。毎朝の勤行《ごんぎょう》をはじめ園内の農場で農作業をし、托鉢や清掃作業も行った。体が震えるほど極限まで自分を責めた。そして一か月。彼は激白する。

「すねたように一燈園に逃げ込んだ。ああ、俺が間違っていた。愛知用水に伴う臨海工業計画だ。営農改善だ。俺がやらずして誰がやる！」（同前）

三〇年三月一五日、久野は一か月余りの一燈園の生活に別れを告げた。知多地方の農村同志会の同志たち約三〇人が迎えに来てくれた。浜島の姿もあった。全員が記念の写真におさまった。

上＝一燈園（京都・山科）
下＝西田天香師（『懺悔の生活』）

彼は「すっきり皮を脱いだような気持ちになり帰郷した」(同前)。
このときの体験を元に久野は「自戒」として四点をあげた。

自戒(『躬行者』昭和三八年一一月号)

一、良いと信じたことは堂々と発表する熱意と勇気を持つ。
二、反対の意見を尊重して聞く。
三、相手の意見が優れていると知ったら我意を捨てて協力する。
四、我が意見を相手が認めて呉れてそのことが実現するほどの徳を養う。

水没地区を抱える二つの村――条件闘争へ

三〇年一〇月一〇日、愛知用水公団が設立され名古屋市中心部に本部を置いた。近くにアメリカ技術陣用オフィスも開設された。ダム建設地は、長野県王滝村二子持地区の王滝川の少し上流にある牧尾橋地点と決まった。これより前、公団は水没する王滝村と三岳村に、①水没家屋及び耕作地の大部分を失うか、あるいは農作不能、もしくは困難になるような農家には完全に補償する。②農林省は地元の再建方策に協力する。③補償交渉は公団設立後に行う、との方針を示していた。王滝村と三岳村では、ダム建設反対期成同盟会を解散して、ダム水没犠牲者連盟と村議会を中心としたダム対策委員会に改組し、一体となって二つの村と犠牲者の権利を守ることを決めた。この時点で、反対闘争は名実ともに条件闘争となった。闘争のリーダーは王滝村村長細尾征雄だった。

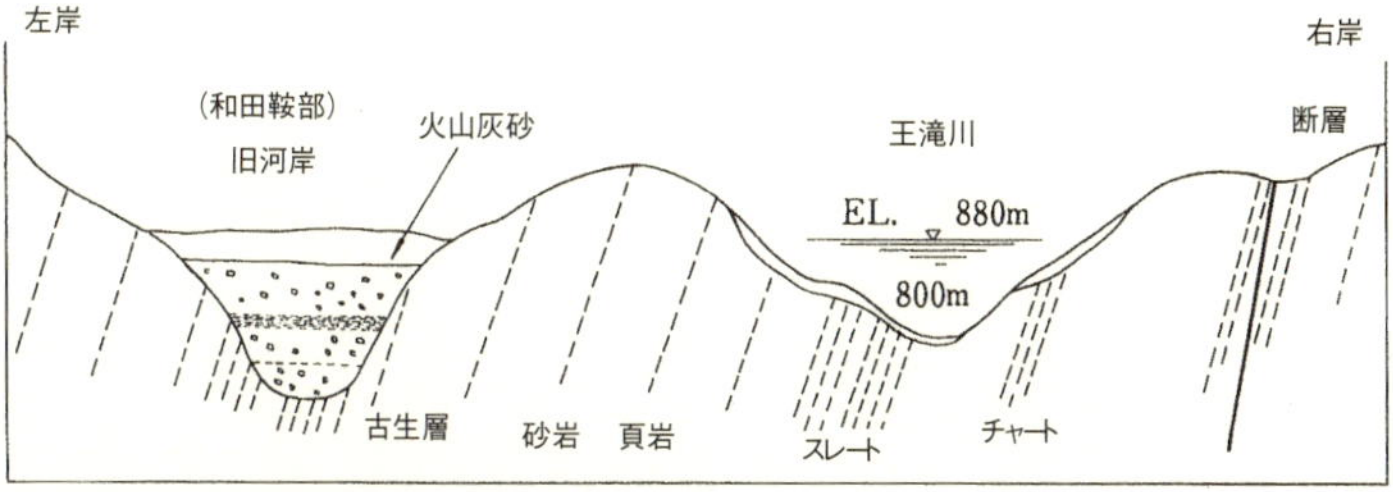

牧尾橋ダムサイト想定横断図（『愛知用水史』）

村の広報誌『王滝』（三二年二月二八日（再刊号））で、村長細尾は訴える。「いよいよこれから補償問題に入る時になります。村が一丸となって取組み、この大難を乗り切りたいと思います」

細尾は戦前の昭和七年に村長となり、戦後公職追放となった。ダム問題の渦中にあった二九年に再度村長に就任した。彼は清廉潔白で村人の人望を集めていた。

「**〈ダム対策の動き、嵐の前の静けさ〉**（見出し）

水没する物件や、世帯数・人口などダムの調査は丸一年かかって三月一〇日頃全部終り、目下事務局で整理中である。個人別のものも集計してあるが何しろ公団相手に補償の交渉をしなければならないので、今のところでは公表できないのが残念だと事務局では云っている。ことは水没する人々の個人の権利に関するものだから、大切に取り扱ってもらいたいところ。時たま出る新聞記事にはデマなどが多いのでその度に動揺したり、惑わされないようにと事務局では強調していた」（『王滝』三二年三月三〇日（三月号））

◆

『王滝』は補償に際して村民の揺るぎない心構えを求めている。

「〈解説〉愛知用水事業実施計画告示とはどんな意味をもつか？（見出し）

ダム工事の告示が六月二五日に出て、それから七五日たてばいよいよ工事に着工する、ということが、最近ラジオで放送されたり、新聞紙上を賑《にぎ》わしている。

そして事実、六月二五日付で農林大臣の告示が出て、『愛知用水事業実施計画書』という厚さ二糎《センチ》もある膨大な本で、一般に対する縦覧期間が、六月二七日から七月一六日迄と定められている。では本当に告示が出てから七五日経てば着工出来るものだろうか、少しくわしく解説してみよう。

告示とか、七五日とかいうことは『愛知用水公団法』という法律に定められていることで、この法律によると愛知用水公団は法律で定められた事業を実施しようとする場合『事業実施計画』を農林大臣に提出し、農林大臣はその事業計画を一般に公告しなければならないことになっている。この公告が六月二五日に出された告示のことである。この告示は長野県では王滝村と三岳村の二か所で掲示されている。そして告示が出てから二〇日間、事業実施計画書を一般に縦覧させるわけである。王滝では役場が縦覧場所になっているので、見たい人は役場で七月一六日までは何時でも見ることができる」

「さて縦覧されている事業の実施計画について意見のある人、この事業についての利害関係人――土地の所有者や、建物その他地上物件のある人、漁業権を持っている人、又は入会権、小作権等の権利の所有者等――は縦覧期間内（告示後二〇日間）に愛知用水公団に対して、意見書を提出することが出来る、と定められている。この意見書の提出が新聞や一般に言われている『異議中立』のことである。そして意見書を受けた公団は、縦覧期間の終わってから更に二〇日の間にその意見書を採用するかどうかを決めて意見書を出した人に通知することになっている。これが公団の審査期間といわれている。

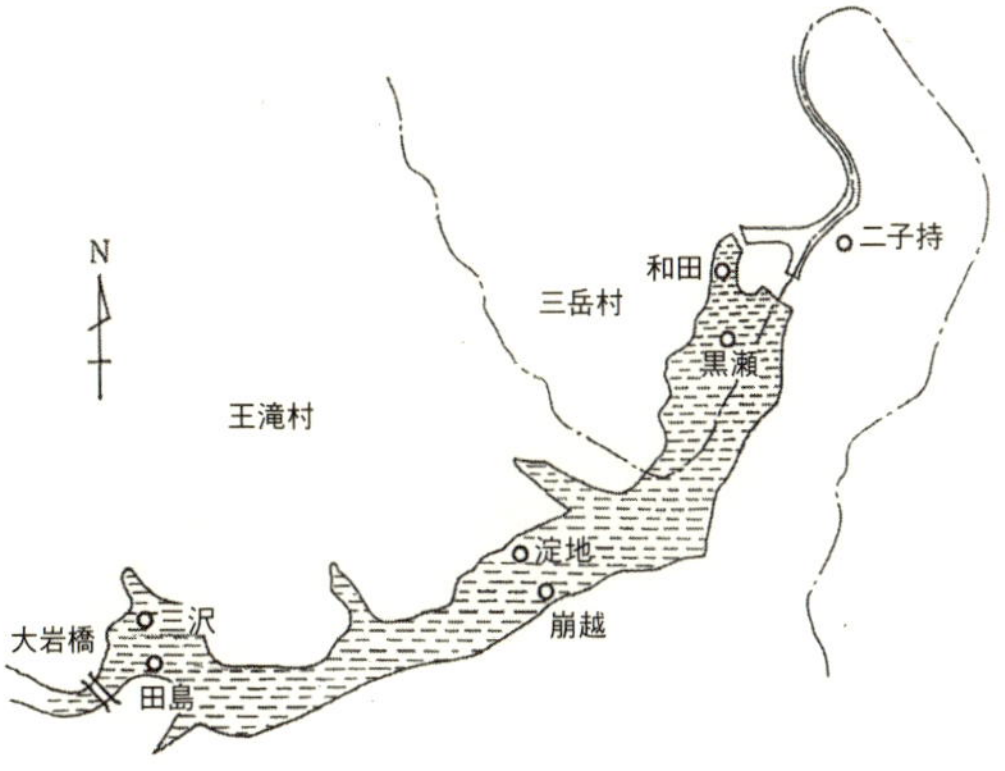

牧尾ダム水没地域（『愛知用水史』）

以上述べたように、告示されて七五日過ぎても、村人補償が解決して個人が承認しない限り、絶対にダム工事に着工することは出来ないので、水没する人たちも動揺したり、迷ったりせず、『土地や家は我々のものだ』という固い信念を持って、この重大な事態に対処して、将来より以上の生活をめざして共に進みたいと思うのである」（ダム室・杉本記）（三二年七月五日（第三号））

村長細尾は「補償の計算は公団に任せてはダメだ。自分たちでするんだ」と村民に呼びかけた。交渉の窓口は個人ではなく、各戸から委任状をとって村に一本化した。「たとえ針一本でも補償の対象としよう」。村長は強調した。交渉では家屋や敷地はもとより「かまど」や「いろり」も補償対象に挙げた。墓石の大きさ、立木の太さを測り、一つ一つ補償を求めるようにした。山菜やきのこなど山の恵みが受けられなくなることを挙げ、「天恵補償」との項目もつくった。佐久間ダム(静岡県)、御母衣《みぼろ》ダム(岐阜県)といった電源開発の大型ダム建設の際に支払われた補償額の実例調査も行った。その一方で、王滝・三岳両村の水没者離村対策が大きな課題となった。

三好池と牧尾ダムの着工

愛知用水事業が本格化するのに先立ち、アメリカから大型のパワーショベル、ダンプトラック、ダンプホーラー、ブルドーザーなど、いずれも最大級に属する重機械類が名古屋港に続々と輸送されてきた。これら機械化施工のための重機械類は、どれも一台で人力の数百倍から一〇〇〇倍に匹敵する作業能力を持っていた。牧尾ダムに投入されるパワーショベルは名古屋港で陸揚げされ、貨車により国鉄(現JR)木曽福島駅手前の上松《あげまつ》駅で降されてトラックで山中の現場まで運ばれた。ブルドーザーを乗せたトラックやダンプトラックは名古屋市内の大通りを地響きを立てて北上し、市民の目を奪った。公団では全国自治体などから最新工法に精通したり、大型重機を使いこなせる技術者を募った。

愛知用水着工・第一号は調整池の三好池(愛知県三好町、三好ダムとも呼ぶ。以下町村名は当時)である。用地取得が比較的円滑に進んだことから着工・第一号の栄誉に輝いた。三二年(一九五七)一一月五日、起工式が盛大に行われた。岐阜県の木曽川・兼山取水口から取り入れた本流を日進町で分水し三好町新屋の曲り池を基盤として築造される大貯水池で用水を貯めて、同町をはじめ刈谷市の北部地方に配水する設計である。曲り池は上・下二つの池からなる農業用ため池だった。その名のように曲がりくねった池で、これまで上・下のため池の中央堰堤《えんてい》を五メートル掘削して、そこに日本の従来のハガネ土（粘土層）を入れて止水していた。工事ではアメリカのアースダム（土堰堤）築造法を取り入れて、粒度分析した質の良いハガネ土を入れて、たたき固める（タンピング・ローラー）工法を採用して工期を早めることができた。一年五か月後の三四年一月三一日に完成した。東郷池建設のモデル工事とされた。その後、三好池まで用水を導く水路や同池から下流へ放流する水路なども徐々に着工された。

三好池の造成（『愛知用水史』）

三二年一一月一七日、道路付け替え工事に続いて、用水計画の「心臓部」とも言える牧尾ダムの仮排水トンネルの掘削工事が始まった。牧尾ダム工事の開始にあたって、火山性有毒ガスの噴出による作業や構造物への悪影響を払拭《ふっしょく》できた日本人技術者はいなかった。不安がしこりのように残ったのである。

深緑におおわれた山間の静かな村は、大地を揺るがす巨大土木工事の騒音や振動に悩まされ出した。それは「道路付替工事始まる――各所にひびくハッパの音」（『王滝』、三二年一一月五日（第四号））であった。

児童などの目

地元の小学六年生の女子児童のまなこにダム工事はどのように映ったのだろうか。

「　詩　〈ダム〉

六年・安江千賀子

私は家の回りがダムになると聞いておどろいた。
こんな家がたくさんあるところを
ダムにしなくてもよいのに
ダムにすると決めた人がにくらしかった。
毎日、毎日、くしゃくしゃしていた。
しかし今はちがう。

向こうには
水が足りなくて
困っている人々が
大勢いるのだ。
だから私は喜んで出ていく
ここをダムにすれば

みんなよくなる。
私ばかり、わがままをしてはいられない。
みんなのために」（『王滝』掲載。三二年一二月二五日（第六号））

村落の解散式も始まった。
「**水没という運命――部落解散式**（見出し）
いかに執着があろうとも
土地・家
そして幾百年の歴史からも
……離れる日、
愛着と新生の門出と混ぜあう心、
皆んなのほほに、光る涙と、
慟哭《どうこく》があった。
〈K〉」（同前、昭和三三年一月二五日（第七号））

「水没！とうわさがたって以来
もう八年の歳月、反対運動も過去となり

現実に工事場は、水没地区の人々の尻に
火をつけられたみたいになった。
何はともあれ、他に永住の地を求め、
その場から離れなければならない。
二月一日の三沢区をトップに田島は二月二三日、
二子持三月二日、淀地は三月九日、崩越《くずしご》三月二五日、
それぞれに部落解散式が開催された」(同前)

水没犠牲者は王滝村(淀池・崩越・田島・三沢の各地区)一九八戸、七九七人、三岳村(和田・黒瀬地区)四二戸、二〇六人。前者のうち九八戸、後者の四二戸の計七〇〇人余りが村を去る(村外移住)ことになった。移住先は長野県内が多いほかは、愛知県、岐阜県などへの移住者が目立った。

水没補償協定の調印式

三三年六月一一日、補償協定の調印式が公団首脳と両村の村長が出席して王滝村役場で行なわれた。『王滝』(昭和三三年七月一五日(第八号))は報じている。

「〈水没補償協定調印さる〉——**わずか五二円の個人補償もあるという**(見出し)

六月一一日、村役場会議室で愛知用水公団より浜口総裁、岡田理事、堰堤所長等が来村、村の関係者、ワンサとおしよせた報道陣にかこまれて水没補償協定の調印式が行われた。このことについ

て問題及び今後の対応策等について当局の意見を細尾村長に書いてもらった。

◆

村挙げての大問題であったダム問題も、その後公団との交渉も進み去る六月一一日正式に補償協定の調印を行いました。ダム問題が始まってあしかけ八年、補償交渉に入ってから満二年で個人補償、公共補償共に解決したわけであります。

牧尾ダム補償調印式

個人補償は要求額の七〇%で総額約九億六〇〇〇万円、水没者は一〇八世帯、其《そ》の他の関係者八三戸で計一九一戸になります。

移住先も決定して家をこわし、祖先以来の長い間住みなれた故郷を離れて完全に移住した人達もすでに数世帯あります。協定では昭和三四年度の末までに全部移転することになっていますから、今年から来年にかけて完全に水没する場所（淀地、田島、三沢）の三部落は姿を消し、二子持、崩越の両部落も残る者は極めて少ないので小さな部落となります。

公共補償は総額二億円で、これは昭和三三年度から三六年度まで四ヵ年計画による村の再建事業費で、毎年の事業費が公共補償で支払われるのです。

村では今年度の事業費として、林道、耕地事業、牧野改良、植林、其の他道路、橋等の事業を行う計画で、近く村議会で予算が決定されます。

公共補償は毎年、五〇〇〇万円あて四ヵ年間事業を行うわけです。個人補償は、去る六月一六日に残額が支払われていたが、調査もれや計算違い等は今、公団と最終的の照会を行っているので確定すれば、すぐ追加支給があることになります。

水没地の移住先は、豊橋一二戸、中津川方面一五戸、伊那方面一一戸、松本安曇野《あずみの》方面一二戸、東筑摩五戸、郡内一七戸、東京六戸、名古屋方面八戸、その他九戸となっており、その大部分が農業です。

これで補償のことは、とにかく解決したわけです。しかし、けっして満足とは言えないかもしれないが、公団といっても愛知用水は国の総合開発事業であって、特別の法律によって行う国の仕事であり、只頑張ればというわけにはゆきません。幸いにして団結を固くして団体交渉をここまで持って来られたので、まず『今が潮時』と見て妥協したのであります。紆余曲折、経緯、いろいろあったが、この辺の処と思います。

ダム問題については、村民各位に種々御協力を願ったが、更に今後、山積する幾多の問題のために一層の御協力を御願いする次第であります。

村長　　」（原文のママ）

公共補償は村の人口などを勘案すれば巨額であったと言える。

〈参考〉

『王滝』（昭和三三年一二月二〇日（第一〇号））に掲載された地元の児童や生徒の詩や作文を記す。心を打つものばかりである。

「　詩

〈ダム工事〉

中学生・岩下恒夫

今日もまた、ダイナマイトの音
音が山々にこだまする
これがダム工事に従事する
工員たちの汗の音なのだ
赤銅色の皮膚をしたたくましい工員が
今日も堅い岩と、とっくむ
それほど苦心しているダムが
果して立派に使命を果たしてくれるだろうか
これが出来れば
愛知の人々は喜ぶ

然しそのかげには
我が村人達の複雑な表情があるのだ
悲しみと　喜びのうずまきをよそに
工事はもくもくと進む
僕たちはこのダムが
有意義なものとなるように
祈ろうではないか
また鳴った！　工員の汗の音が！

〈ふるさとはダムの底に〉

小学生・三浦ちえ子

王滝村に生まれた私は
おさない時に父をなくし
母や姉の手に育った
小学校へ入学して六年間
毎日学校へかよったこの道も
やがてダムの底になるのだ

解体された水没家屋

かなしかったこと
うれしかったことは
いつまでもわすれられない思出となって
私の心にのこることだろう

作文

〈ダム工事〉

小学生・田野尻千稔

今まで問題となっていたダム、いよいよ作ると決った。そのためすいぼつになる家はよそへ移らなければならない。ぼくの家もその中にはいる。十一月頃から工事が始まった。工事には道具がいる。よそから見たことのないような機械がたくさん入る。谷の底からひびきわたるはっぱの音、その音がまたこだまする。そして少しずつ山をこわしダム工事はじゃんじゃん進む。このぶっそうなところから出たい。夜、酒によってけんかをして歩く人、歌を歌ってあるくくせの悪い人、全くやかましい。夜も夜間作業といって仕事を進める。けがをする人も出る。
（中略）
サイレンと共に発破の砂けむりがふきあがる。
「ドカン」一発、また、また、また、連続でやる。家がゆれる。
そして今山の木をきり出して、その山をくずしてダムを広くしようと一生けんめい。
この村は静かに水の下にしずんでいく。
僕の家の土台も、もう水の下に家もまた村もうずまって、
ここに新しいダムが一つ出来るのだ。（原文のママ）

第十章

アメリカ流技法と精神、犠牲者、そして久野の誓い

アメリカ土木技術のノウハウと重機械

愛知用水建設事業を飛躍的に促進したのがアメリカからの技術力（ノウハウ）であり、アメリカの超大型重機械類だった。同時にアメリカ人技術者や指導者のプロに徹する姿勢だった。愛知用水公団が雇用したコンサルタント・エンジニアはシカゴに本社を持つエリック・フロアー社（E・F・A、社長エリック・フロアー）である。同社との契約は世界銀行の了解に基づいてなされたものである。この技術提携によって愛知用水建設では技術面で多くの利益を得る結果となった（『愛知用水史』、『愛知用水―その建設の全貌』などを参考にし、一部引用する）。

昭和三二年（一九五七）七月二一日、E・F・Aは公団と技術協定を結んだのち、総支配人（ジェネラル・

マネジャー）ルービンスを最高責任者とする一一人の技術陣を日本に送り込んできた。彼らはそろって立派な体躯をしてたくましく、澄んだ瞳を輝かしていた。立ち居振る舞いは自信に満ちていた。

「我々は世界銀行と公団が契約した事項をすべて全うすべく最大の努力を惜しまない。決められた年月内に必ず完成させてみせる」

ルービンスは、愛知用水公団総裁浜口雄彦《かつひこ》ら首脳部に挨拶した際、笑顔をつくって断言した。浜口はその自信と責任感にあふれた発言に驚くとともに安堵《あんど》した。翌日から、さっそく技師団は公団幹部技術者らと打ち合わせに入った。公団技術者が驚いたのは、実際の仕事が始まる前の段階であるにもかかわらず、また彼らが現地を調査していなくても、施工計画が十分にできているということだった。彼らは日本からシカゴ本社に送られた技術資料や調査データをもとに、愛知用水の建設に対する基本的な設計図面を作成し、それを何枚も抱えてやって来たのである。自信にあふれているのも当然であった。

工事現場で指導するアメリカ人技術者（『愛知用水』）

当時日本では、技術者はまず現地を踏むことから始めるのが常識的な進め方であった。それが太平洋を隔てて七〇〇〇マイルも離れたシカゴ本社で作成された図面を見せつけられた。公団技術者には言葉にならないほどの衝撃だった。

E・F・Aの技術者たちの仕事は厳しく頑固でさえあった。自分の手掛けた仕事は自分で最後まで責任をもった。日本でいえば課長クラスに当たるチーフ・エンジニアでさえも、自分のチームの担当した分野は、たとえ細かい部分の図面であっても入念に点検する。他人任せにはしない。それが彼ら専門家の流儀だった。彼らは、図面上の鉛筆の線（直線、点線など）をはじめ、ここはB、あすこはHなどと線の濃さ、さらには線の色（黒、赤、青など）まで決めていた。技術者ならば日米の国籍に関係なく誰が見ても分かるようにするためだった。

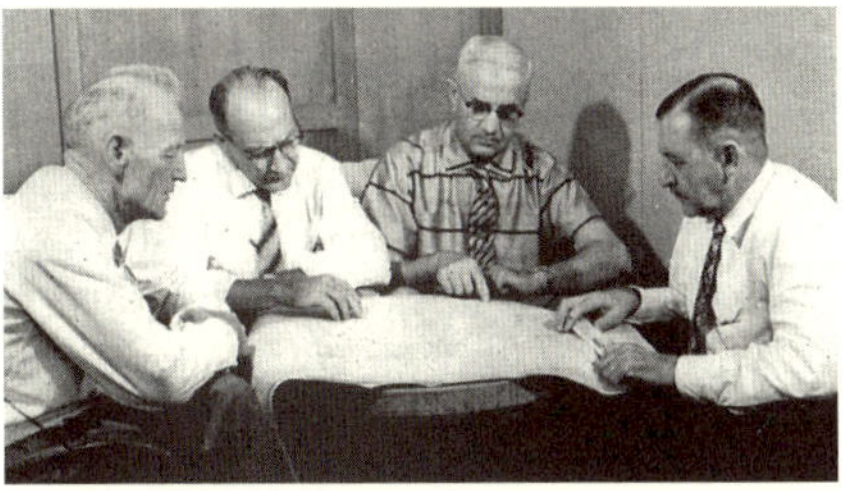

アメリカ人技術陣（E・F・A幹部）

◆

木曽川支流・王滝川の渓谷に計画された牧尾ダム建設工事では、本格工事に先立ってE・F・Aの技師の指示に従い、ダムサイト周辺で徹底した技術調査が行われた。公団堰堤事業所長瀬戸も現場に立ち会った。七八本、延べ五キロに及ぶボーリング地質調査、一三五本の材料調査試掘坑、大規模な透水試験、火山ガス圧力測定、材料試験、ダム模型による地震と洪水に対する実験、岩石爆破試験、冬期盛土試験などが順を追って慎重に進められた。E・F・Aの技師は日本人技術者や現場労働者の中にヘルメット（〝保安帽〟と呼ばれた）をかぶらない者がいることを厳しく批判し、安全管理のため全員着用を徹底するよう求めた。

名古屋港に陸揚げされた大型機械（『愛知用水』）

一方、知多半島を中心とした幹線水路が掘削される地域では、全域の航空写真測量図を作成したのち、全水路にわたる地質調査と現地踏査が行われた。その上で比較案が作成され、最終路線の決定が下された。使用する小石混じりの砂利や砂の調査も行われ、これらの調査結果をもとに設計と施工が行われた。すべてE・F・Aの助言を受けて実施されたのである。

超大型機械と事故の危険性

E・F・Aは完成までの約四年間に合計二〇人の専門技術者（土木技術者、農業土木技術者、電気技術者など）を来日させた。そのうち主要技師（幹部）は、社長エリック・フロアーをはじめディビッドソン、リブナー、ヘール、ベネットの各主任技師だった。その下に現場を預かる技術者として、ビーズレー（唯一のアメリカ人現場殉職者、後述）、ジェーンズ、ビビアンらがいた。彼らの仕事の役割は、主要工事の設計、施工、監督について指導することであった（彼らが現場でかぶるヘルメットにはカタカナで彼らの名前が記された）。「ヘルメット」とは言わず「ハードハット」と呼んだ。

アメリカから解体して輸送船で名古屋港に輸入された最新鋭の大型土木機械類が工事の主役だった。それは人海作戦中心だった従来の土木工事の風景を一変させた。牧尾ダムの現場では、パワーショベル一一台、ダンプトラック一七台、ダンプホーラー一六台、ブルドーザー二〇台など、いずれも最大級に属する重機械が最盛期には約八〇台も活躍した。タイヤが大人の背丈ほどある大型車両も少なくなかった。「大型土木機械の一大展示場」と呼ばれた。仮に牧尾ダムで同じ工期内に人力だけで完成させようとすると、約八万人の現場労働者を集めなければならない計算になる。だが慣れない重機械の操作だけに事故を起こす危険性が常に付きまとった。誤った操作で死傷者も出たのである。

厳格な指示と日本の技術向上

アメリカ技師団の技術や自己の職務に対する態度は徹底していた。いついかなる場所でも、自分が技術組織の一員であると言う自覚を忘れない。彼らの専門技術者としての自覚、従って自分の担当分野に対する厳格忠実さは生真面目とでも言えるものであった。アメリカの土木技術との提携は、技術面のみならず日本人技術者の精神的革新にも役立った。

だが、すべてが順調に進んだわけではない。国情や発想の相違に加えて言葉の不自由さからくる口論もあった。彼らには日本での下請け業者の取扱いや用地問題の困難さは到底理解できなかった。土地所有者の利害を無視して設計を進めて公団幹部をあわてさせる一幕もあった。

アメリカからの大型機械輸送（名古屋市内）。市民を驚かせた。

愛知用水の全水路同時着工という前例のない施工体制は、監督員にかつてない任務を課した。自社の施工技術、施工能力に絶対の自信を持つ日本の建設業者、それをアメリカ流のやり方で指導しようとするE・F・A。当初は両者間に技術上の意見の食い違いや対立が至る所で見られた。

設計が出来上がり、請負業者との契約が成立すると、今度はその一切の責任を持たせて、安く請け負った業者の泣き言に全く動じないのも、彼らの業務に対する一貫した姿勢であった。

「手段も方法も問わない。あくまで工事は設計通りに」。この厳命には、業者たちも閉口して「愛知用水の仕事はどこも赤字」との悲鳴も聞こえた。その半面、建設業者には最新技術で考え、技術力で解決していく機会をE・F・Aの技師たちが教えた。「高度な技術力を持つものが勝利を得る」。競争の原理である。この結果、工事はそれぞれの技術競技会のような形となり日本の技術向上に貢献した。もとより愛知用水公団独自の技術開発もあった。牧尾ダムにおけるグラウト・ボーリング・マシンなどは愛知用水の技術的高水準が生んだ誇るべき機械の一つである。

E・F・Aの技術者たちの現場への指示は完成時まで厳格だった。セメントと砂利の配合についても、少しでも規格を外れると即座にやり直しを命じた。管理用道路の工事に関しても、農林省（当時）では認められないような設計でも断固として譲らなかった。彼らは日本の設計施工の方法にも一大革新をもたらした。

総額四二三億円の大工事を、三年半という驚くべき短期間に完成させた最大の要因は、アメリカ流技法による完全かつ全面的な機械化施工の採用である。愛知用水の画期的な特徴である。機械化施工は、高能率という長所のほかに、作業内容の一貫性と工事の均質化という、見逃すことのできない多くの利点を持っている。公団が購入した重機械類は総額一三億一〇〇〇万円、その内輸入機械は一〇億六〇〇〇万円、国産機械は二億五〇〇〇万円である。輸入機械の購入に必要な外貨は、世銀借款があてられた。

アメリカからの大型機械搬入

灌漑《かんがい》土木の権威、ビショップ教授

愛知用水公団では、事業の経済効果をいっそう高めるため、農業用水の完全かつ有効な利用による大規模畑地灌漑を導入することを計画した。計画面積は約一万一五〇〇ヘクタールで、全受益面積の三八％に相当した。大規模な畑地灌漑を普及させるためには、その地域に最も適した灌漑技術を確立しなければならない。そのため公団は、昭和三一年五月に直轄の実験農場を地域内の知多郡大府町（現大府市）に設けた。愛知用水特別調査委員会（学識経験者による組織）の決定したテーマに従って、各種の調査試験を実地に重ねた。一方、名古屋大学、三重大学、農林省、愛知県などの国内機関の協力を得て、同時にＦＡＯ（国連食糧農業機構）、ＩＣＡ（アメリカ政府国際協力局）を通じて四次にわたりアメリカの畑地灌漑農業特別顧問団の来日を求めて技術援助を受けた。

ビショップ教授

愛知用水の灌漑計画に大きく寄与したアメリカ人のうち筆頭に挙げるべき研究者は、Ａ・アルビン・ビショップ（A.Alvin Bishop）教授である。ビショップ博士は、アメリカ北西部・ユタ州立大学の灌漑土木工学主任教授だった。彼は世銀の推挙を受けて公団が委嘱した畑地灌漑農業特別顧問団の主任（団長）に指名されており、当時四〇代前半の少壮学者であった。この若さで州立大学主任教授というのは異例に属するものであり、灌漑排水工学の分野では世界的権威と目されていた。教授はＩＣＡやＦＡＯなどの顧問技師を兼ねており、毎年各国から招聘《しょうへい》が引きも切らなかった。

顧問団団長である教授の「愛知用水びいき」（公団首脳）には驚くべきものがあった。彼は報酬その他の条件が他に比べて必ずしも有利ではないにもかかわらず、三一年度から三三年度まで愛知用水事業のために連続三回にわたって来日し直接指導にあたった。

当時の愛知用水公団の幹部技師は回顧する。

「教授に接してみて一番感銘を受けたのは、その学者としての真摯《しんし》さ、そして人間としての純粋さであろう。話題が専門の領域に入ると、にわかに表情がしまり目も鋭く輝いて、少し訥弁《とつべん》だが口調に熱がこもってくる。それがふだんに返って破顔一笑すると、今度は朴訥《ぼくとつ》な田舎の牧師さんといった感じでいかにも親しみやすい。酒もたばこもたしなまれない教授の日常は、学者としての生活に徹して厳格を極めている。かといってコチコチの信心家タイプでは決してなく、考え方も幅広く人間味も豊かで、ユーモアとウイットに富んだ話しぶりが人を魅了する」

ビショップ教授の勧告

ビショップ教授の公団に対する勧告を要約してみる。
一、畑地灌漑組織を決定する基準として、畑地の「インテーク・レート」つまり「灌漑水の侵入率」の測定方法を指導した。これによって、愛知用水地区の大半は地表灌漑、特に等高線うね間灌漑組織を採用できることを明らかにした。
二、等高線うね間灌漑法の適用によって、傾斜した畑地の地盤造成作業が不要または作業量を激減できることを明らかにした。
三、畑地灌漑は、昼夜二四時間の送水制度を導入し、圃場《ほじょう》灌漑は「ローテーション・システム」つまり「輪番灌漑法」を採用すべきことを明らかにした。

四、日本における畑地灌漑の「灌漑効率」を速やかに実測すべきであること、また愛知用水計画における「灌漑効率」の設計基準を六〇%以内とすべきことを示した。

五、畑地灌漑技術の急速な導入と普及のための具体的方策を次のように示した。

イ、先進国からの権威者の招聘

ロ、日本人技術者の養成訓練

ハ、実験農場の充実

ニ、主要作物、土壌、灌漑法、分水装置などに関する各種の実験究明

教授の滞在中、ICAの技師J・C・マールやFAOの技師M・R・ルイス（いずれも土壌保全専門）が同行し教授や公団側と討議を重ねたが、意見交換は深夜に及ぶこともまれではなかった。

愛知用水は、幹線水路総延長一一二・四キロに対し、開水路は六六・七キロ（五九・三%）にすぎず、トンネル二七・六キロ（二四・六%）、サイホン一一・七キロ（一〇・四%）、暗渠六・四キロ（三・一%）となっている。最新鋭の土木技術導入の結果、知多半島などの地形や地質の複雑さを克服した。支線・分線は網の目のように複雑な分布を示し、また多くの揚水ポンプを配置し、それによってはじめて給水を可能にしている。

ビショップ教授は昭和三三年（一九五八）任務を終えて帰国する際に「公団職員へのメッセージ」を残した（『愛知用水グラフ』（第一号、三三年五月刊行）掲載）。

「コンサルタントとしての私の仕事が、愛知用水事業のために役立つことが出来れば、これは私の最も幸いとするところであります。また私は現に遂行されつつある本計画が、やがてその中にはらむ力強い意義を実現し、貴国のために美しい果実を結ぶ日の訪れることを、心から待ち望んでいるものであります。

私は、技術の交流と協力を通じて、日米両国の完全な理解が深められ、これがひいて両国間の平和促進にも寄与するであろうことを確信しております。

科学技術の世界は無限に広く、しかもそれは絶えざる進歩を遂げております。このような技術知識の成果を、各位の協力のもとに愛知用水事業に導入して、これを援助申し上げることが、私の願いに他なりません。おわりに私は私自身の微力が、各位の目的の達成に寄与することができ、かつ愛知用水事業の見事な成就が一日も早からんことを心から祈るものであります。

A・A・ビショップ」

◆

開発協力事業（社会資本整備、インフラ整備）の究極目標は、人々の生活と福祉を直接的あるいは間接的に向上させることである。整備されるべき社会資本は、国民が望む好ましい状態に至ることを目的として、生産性の向上や所得配分などに役立ち、社会の安定に資することが必須である。同時にそれは人々の潜在能力の発現を支援し、生活の質の向上に直接・間接的に資する、市場が成立しないかあるいは市場だけの取引では供給に過不足が生じる公益性の高いサービスを効率的に生み出す制度・組織・物的施設・機能・効果の総体である。この社会資本の定義から、社会資本の多くは経済学的には非市場的意思決定に関する分野を扱う公共経済学の主たる分析対象である「公共財」として扱われる。工学的には、主として土木工学あるいは社会基盤工学が取り扱う領域である。

社会資本は行政や地域住民が望む目的に沿って四つに分類される。①経済成長に資する産業社会資本（通信・港湾・工業用水・灌漑施設など）、②生活者の質の向上に資する社会資本（防災・水道・公園・生活道路・文化施設など）、③人間としての潜在能力の発現に資する人権社会資本（基礎教育・公衆衛生・基礎医学など）、④世代を超える自然環境の保全に資する環境的社会資本（下水道・廃棄物処理・自然環境保護施設など）である（『開発経済学辞典』参考）。

時間との競争の中での犠牲者

牧尾ダム建設現場では周辺関連工事が進んでいた。三二年八月、ダム工事の契約に先立ち工事用重機械と資材を運搬する道路として、県道の付け替えと改修工事が行われた。一一月一七日、同ダムの仮排水（バイパス）トンネルの上流掘削工事が右岸側で開始された。この工事はロックフィル・ダム本体を建造するために上流水を排除する重要な事前工事である。現場では六色のヘルメットが動いていた。工事を請け負った建設会社の職員は緑色、一般労働者は黄色、機械作業員は水色、機械誘導係は白の中に十字、火薬係は赤色、保安係は白色である。危ぶまれたことが現実となった。

真冬に悲劇が襲ったのである。

三三年二月三日午前一時前、トンネルの掘削が半ばまで進んだ箇所で火山性有毒ガスが噴出した。設計の段階から、この地は有毒ガスの噴出するところとして警戒されていたのである。現場のトンネル内には一〇人の作業員が掘削作業を行っていた。トンネルの入り口にいた監視者から有毒ガス発生の連絡が入って、真夜中の現場には作業中止のサイレンが鳴った。ガスマスクをかぶった救助隊が坑道内に入り、建設会社の作業員救助を行った。四人の作業員は間もなく救出された。続いて五人の作業員が目隠し姿で救助員に肩を担がれたり、抱かれたりして坑外に運び出された。班長渡辺繁治の姿が見えなかった。救助された作業員の話では、渡辺は、「逃げろ、逃げろ！」と叫んで作業員の間を走り回り部下の避難を確認した後、出口に向かったはずだ、とのことだった。坑道内を再度調査したところ、渡辺がうつ伏せに倒れており、こと切れていた。巨大プロジェクトの犠牲者だった。彼は豪雪地帯の山形県尾花沢町（当時）からの出稼ぎで、土木作業員としては二五年余の経験を持っていた。

目撃者の証言

牧尾ダム建設作業中に突発したガス死亡事故について、愛知用水公団職員の証言がある。『私の思い出、あの時』（小島茂夫）から一部を引用する。小島は社会人一年生として愛知用水公団堰堤事業所事務職員に採用された。当時、一定以上の労働者を雇用する事務所では労働安全衛生法によって衛生管理者を置くことが義務付けられており、小島は資格を得たうえで衛生管理者の現場責任者となった。

「ダム建設予定地の、牧尾橋周辺は、従来から『ガスが噴出しており、鳥が川の中で死んでいることもある』と言われる地域でした。ガスは『炭酸ガス』（誤記）でした。ガスに対する安全対策は、粉じん対策とも関連して隧道《ずいどう》内に排気のための蛇腹管をセットしていくのが基本であったと思います。防じんマスクをつけて、工事中の隧道の中に入り、一番奥の掘削現場付近でガスの濃度を測り、人体に影響ない数値かどうか確認し、影響ありとすれば、技術屋さんに伝えてトンネル内の排気管を増やしてガスを取り除き、また掘削による粉じんを取り除き、中の空気を新鮮に保つことでした。

事故は、私がガスの測定も終わり、事務所に帰っていた時、『隧道内でガス事故が発生し、労働者が隧道内に取り残されている……』との電話連絡を受けました。早速現場に飛びました。そこでは皆が『取り残されたのは何人か？』『どうすれば安全に中に入れるのか？』などと騒いでいました。私にも『これなら』といった名案も浮かばない状況でした。やがて請負業者のW建設・所長が鳥かごらしきものを提げて先頭に立ち、二人から三人で隧道の中に入って行くのが見えました。取り残された現場労働者はトンネル工事内の労働者の総括責任者で、本人は当時『二切』といってトンネル工事のうち上から二番目に高い掘削道の坑口（入口に近い位置）付近で作業をしていたが、先行して進んでいる一番下の底設導坑の奥の掘削で大きなガスポケット（ガスの洞窟）に削岩機の先端が突き刺さり、充満していたガスが『ピュー』という物凄い音を立てて噴出して来たのを知り、責任者として仲間たちに『逃げろ！　逃げろ！』と呼びかけながら底設導坑の一番奥まで入って仲間に避難させ、最後、自分がガスの被害にあってしまったのだと聞かされました。程なく、W建設の所長他職員が、倒れていた労働者を抱えて出てきました。私は早速、労働者をうつ伏せに寝かせて人工呼吸を始めました。約一五分から二〇分人工呼吸をやったかと思いますが、そんな時、W建設の技術屋さん達が『そんな優しいやり方ではダメだ！　俺たちに代われ！』と言いだして、大勢で私に代わって人工呼吸を始めました。それは、軍隊で覚えたやり方であるとかで、被害者を仰向けに寝かせて両手両足を四方から引っ張り上げて「一、二。一、二」と掛け声で繰り返す方法でした。救出までに一時間以上経過していて、蘇生は無理かと思っていました。（中略）労働者らは出来高払いの報酬で働いていました。彼らはボンベを背負って作業を再開したが、ボンベをつけていては作業能率が上がらないため、日ならずしてボンベを傍らに置いて作業を続けたのです。万が一にも同じ事故が起きていたら、私は救われない存在でした。安全管理者として、ボンベをつけて作業をさせるためにも、せめて報酬面で配慮をする提案くらい出来なかっただろうか……」

悔恨の追想である。

久野の犠牲者供養

悲報を聞いた久野庄太郎は直ちに王滝村の現場に向かった。久野は、建設会社の現場（牧尾ダム）工

水利観音像（制作費は久野の自前）

事事務所の畳の部屋に並べられた棺の前にひれ伏した。泣きながら額を畳にこすりつけて犠牲者を弔った。

「私が殺したようなものです。私がこんな仕事を始めなければ、この人達は死ななかった。私が殺したようなものです。お許しください」

遺族たちに謝罪した。久野は戒名の書かれた和紙を手にして帰宅した。毎日朝夕、仏前で供養につとめた。だが一向に気が収まらなかった。何にすがっていいかも分からなかった。

老いた母よしを思っては、自作の短歌を暗誦した。「愛知用水　すすみがたきを　なやむ子に愛のむちもて　はげましし母」。よしは翌三四年三月二一日に他界した。

完成を急ぐ大規模工事は非情だった。厳重な警告や監督をしても次から次へと犠牲者が出た。久野は悲報を聞くたびに事故現場に出向いて供養をした。それでも気持ちは収まらなかった。彼は鎮魂のため彼自身が人柱に立って地中に埋めてもらおうかとも考えた。それは断念したが、その代りに工事現場の土を集め、常滑市在住の陶芸家柴山青風に五〇〇体の水利観音像を制作してもらった。制作経費は久野の自前である。犠牲者が出るたびに現場や遺族に持って行って弔った。

「愛知用水殉職者各位霊位

力を国産に尽くして生死を滅却し、今茲《ここ》に昇天して涅槃《ねはん》寂浄たり、伏して願い敬して白す、無常に垂迹《すいじゃく》し盤植(根の誤記か)たる現実を更新し向上せしむことを。

甚三撰　」

供養文(原文のママ)である。愛知用水建設の犠牲者は計五六人に上る(久野の供養はのちの「不老会」の原点となる。後述)。

水没者移住と『牧尾銀座』

三三年六月一一日、公団と三岳・王滝両村との補償交渉は補償総額約一三億八〇〇〇万円で締結された。水没犠牲者のほぼ三分の二は村を離れて移住して行った。村民の離村に前後して、ダム建設工事は本格化し、ダンプトラックや運搬車両が曲がりくねった山間の県道を土ぼこりを巻き上げ騒音を撒き散らして走った。パワーショベルが大地を削り取った。ダイナマイトの発破音が渓谷に轟《とどろ》いた。ダムサイトの下流にあたる寒村・二子持《ふたごもち》は激変した。公団職員住宅や労働者用のプレハブ小屋が林立した。全国から集まった作業員は三〇〇人は下らなかった。工事の最盛期を迎えるに従ってその数は激増した。

「かっぱ亭」、「ミナト」、「宝船」、「百万石」……。飲食店、酒場、パチンコ屋、ダンスホール、雑貨屋それに林の中に映画館「牧尾劇場」まで建った。夕暮れになれば赤いネオンが誘惑を誘う。村民にはこれらの経営者がどこから来たのかもわからなかった。酒場から酔っ払いが、がなり立てる

「木曾節」が毎晩のように響く。
「木曾のナー　中乗りさん
木曾の御岳さんは　ナンジャラホーイ
夏でも寒い　ヨイヨイヨイ
ヨイヨイヨイノ　ヨイヨイヨイ
袷《あわし》ょナー　中乗りさん
あわしょやりたや　ナンジャラホーイ
足袋《たび》をそえて　ヨイヨイヨイ
ヨイヨイヨイノ　ヨイヨイヨイ」

夜間や休日には、作業員同士のけんかや酔っ払いの乱痴気騒ぎがあとを絶たなかった。木曾の渓谷で純朴な暮らしをしてきた村の風紀はかつてないほど乱れた。信濃毎日新聞は当時の風俗紊乱を「牧尾銀座」と風刺した。国勢調査によると、当時の王滝村の人口は三八六二人で、工事最盛期には公団職員や作業員など工事従事者の総数は村の人口とほぼ同数となった。三六年五月のダム完成後には「牧尾銀座」は風のようにたちどころに消え去った。「つわものどもが夢の跡」であった。一〇

“牧尾銀座”（中日新聞）

年後には人口は六〇％以下の二二六六人となり、その大半が中高年齢者となった。

牧尾ダムの仮締切り流失

仮排水トンネルに続いて、三三年六月二〇日から、仮締切りダムの工事が開始された。これは本体工事に直結する工事であり、早急な着工と完成が求められた。仮締切りダムは、①施工位置……ダム本体の上流斜面先部、②型式……傾斜コア式ロックフィル・ダム、③堤長……一四〇メートル、④堤高……一八・五メートル（河床上）などとなっている。

仮締切りダムの流失

この仮締切りダムは、ダム本体の一部となるため築堤は本堤に準じる仕様であった。同年七月二五日、台風一一号の通過による豪雨によって仮締切りダムの一部が流失した。完成を急ぐ公団技術陣を失望させた。しかし自然の脅威はここで止まってくれなかった。その復旧工事が一段落し河床掘削に取り掛かった八月二五日、今度は台風一七号が直撃した。この豪雨は大洪水をもたらし、二六日午前六時五八分、仮締切りダムの中央部から右岸にかけて決壊し流失した。激流の越流による決壊だった。この事故は、参議院決算委員会でも取り上げられ、台風シーズンの出水時期に工事を推進したことの可否が問われた。答弁に立った総裁浜口は、世界銀行との契約で工事の完成までの期間が決められていることから工事を急いだ事実は認めたが、決壊の件については「自然の猛威であり、不可抗力であった」として委員会の了解を求めた。

変更の仮締切りダムは建設省（当時）の指示に従って、傾斜コア式ロックフィル・ダムとし異常洪水に備えて下流側の法面《のりめん》（人工的斜面）をコンクリートで被覆し、万一の越流にも万全を期する設計とした。三三年一一月に工事に着手し、翌三四年五月に完成した。ダム完成までのタイムリミットは残り二年となった。

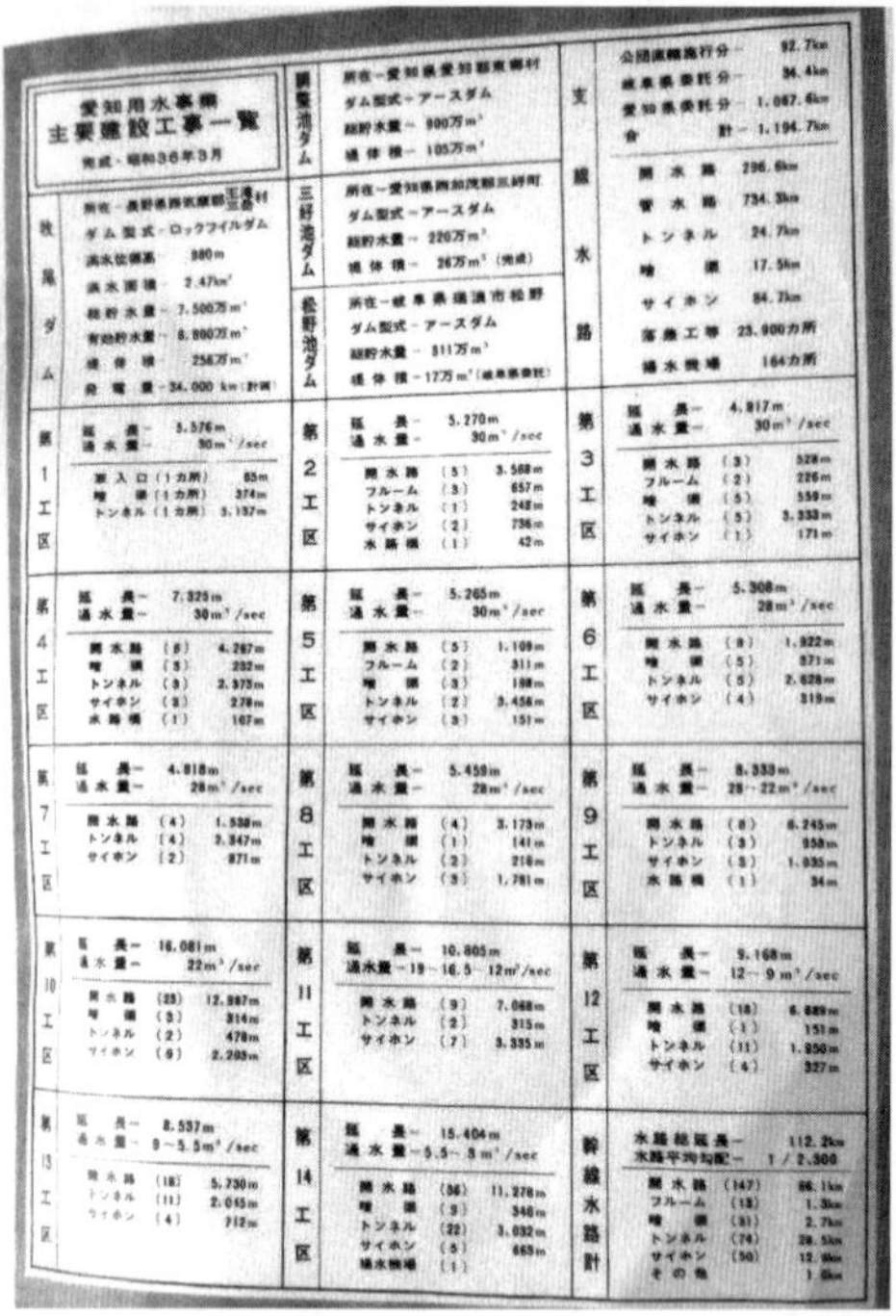

建設工区一欄（愛知用水土地改良区蔵）

第十一章

延長戦の許されない総力戦

全国からの支援技術者たち

昭和三一年（一九五六）六月二八日、愛知用水公団総裁浜口雄彦《かつひこ》は「愛知用水支線水路事業の委託に関する基本協定」を愛知県知事桑原幹根《みきね》と結んだ。契約は、公団が行う愛知用水事業の円滑な実施と促進を図るため、その支線水路事業の一部を愛知県に委託することをうたったものであった。翌三二年二月一日、総裁浜口は岐阜県知事武藤嘉門と同趣旨の協定を結んだ。愛知用水の早期実現を誓う愛知・岐阜両県が積極支援の姿勢を示したのに応えたのである。

三三年七月三日、愛知県は愛知用水事業のうち開墾事業の一部を担当することになり、公団と基本協定を結んだ。愛知用水の受託事業を推進する体制を整えた。ところが、愛知・岐阜両県では現場に対応できる土木技術者の数が限られていた。このうち愛知県では、愛知用水事業に従事する職員（主に技術職）を確保するため、全国の自治体に職員の派遣を要請した。これは地方自治法に基づく正式な派遣要請で、職員の往復旅費は愛知県が負担したが、給与は派遣自治体が支払った。愛知県では支援要請・第一弾として南は鹿児島県から北は秋田・山形両県に至る全国一七府県に合計九二人の応援を求めた。即戦力のある人材を全国の地方自治体に求めたのである。愛知用水事業に派遣されたり技術指導を受けたりした全国自治体の職員は延べ五〇〇人を超えた。派遣職員は職員官舎や公営住宅に間借りした（全国から集まった現場労働者は牧尾ダムを中心に最盛期には三〇〇〇人に上ったという）。

「愛知用水は日本で初の総合開発事業、農業に対する外資導入のテスト・ケースとして注目のうちに着工しました。私も現場へ何度か視察に行きましたが、重土木機械というのか、輸入された大型のパワーショベルだとか、ダンプトラック、起重機、それらにはびっくりさせられました。この時の大型機械の使用が、その後の日本の土木工事のやり方を大きく変えたということでした。建設のうち、支線水路のかなりの部分は、愛知県が公団の委託を受けて建設することになりました。

土地改良区事業の指導、監督などの業務もあったので、三一年九月農地部に愛知用水課を新設しました。この課には隣の三重県や秋田、山形、さらには高知、熊本、鹿児島など十数県から一〇〇人ほどの技術者が応援に来てくれて感激しました。どの県も『手伝わせてほしい』『ぜひ使ってくれ』と申し入れてきてね。愛知用水という大規模な事業のチャンスをとらえて、技術者たちに新しい経験をさせるねらいが各県にありましたが、こちらとしても技術者不足でしたから、どちらも好都合だったわけですね」（『桑原愛知県知事回顧録』より）

愛知用水の支線水路は合計一四工区、一一九四・七キロに及ぶが、そのうち公団直轄施工分九二・七キロ、岐阜県委託分三四・四キロに対して、愛知県委託分は一〇六七・六キロに上る。大半の支線水路を愛知県が手掛けたことがわかる。

牧尾ダム現場の地すべりと定礎式

牧尾ダムは設計にあたって生命線である堤体断面と築堤材料について農林省や公団で繰り返し検討された。ロックフィル・ダム建設は初経験なのである。堤体断面についてはダムサイトの至近距離で入手できる骨材などの材料を、最も経済的に利用できるような地理的条件、加工速度などの施工条件を十分考慮して技術的に不安のないようにする方針がとられた。築堤材料の精査の結果、堤体材料の全量をダムサイトから直径一キロ以内の地域で採取可能との好条件が確保できた。

地理的条件から見てコア部分（ダム中核部）の施工日数が年間七〇日から一〇〇日に限定され、これがダム全体の施工速度を支配することやダムのトランジションやロック部分（いずれもロックフィル・ダムを支える大小の岩石）の施工も冬期と雨天を問わず可能であるなど、細心の注意が設計に払われた。コアの用土としてはアメリカ陸軍工兵隊本部やフランス電力会社における豊富な工事の文献を参考とし、牧尾ダム現場でも「牧尾橋突き固め試験仮基準」を設定の上、粗粒分混入による現場

牧尾ダム定礎式

透水試験、現場転圧試験、冬季盛土試験、パイピング試験（流動化した土砂の噴出防止試験）など数多くの試験《テスト》を重ねた。ダム工事の地質上の難関がクラック（岩盤・地盤の裂け目）と破砕帯（地層や岩体が破壊された領域、割れ目ができる）である。火山性有毒ガスの噴出が常に不気味な潜在的不安であった。

◆

昭和三四年二月一五日、牧尾ダムの中心より下流六〇メートルの右岸付替え道路（標高八八三メートル）で地すべりが発生し長さ二メートルのクラックが確認された。事務所では工事を中断するとともに直ちに応急対策を実施した。だが翌日には道路上のクラックは一五メートルに達し、一七日には二六メートルにもなった。トンネル内のクラックも目立ってきた。二〇日には仮付替え県道のコンクリート擁壁《ようへき》（崖の土留めの壁）が長さ三五メートルにわたって崩れ落ちた。その後右岸の別の場所にもクラックが見つかった。クラックの発生範囲は、地表面では標高九七六メートル付近を最高とし、下部は河床に近い位置までの間を走り、幅は約一五〇メートルに及んでいた。

この区域には、ダム中心線で標高にして八三〇メートル付近に破砕帯が走って、森林鉄道のトンネル内を横切っている（森林鉄道は運休となった）。破砕帯は、上流側においては比較的浅く、下流に行くに従って深くもぐっている。地すべりの上流部においては、この破砕帯に沿って滑るが、下流部においては、破砕帯とは無関係に、さらに浅い地表面近くの表土とともに風化岩の中で起っているに過ぎないことがわかった。公団や地質学者の再三にわたる現場検証の結果、地すべりを起こす地表に近い岩盤は、それ自体がゆるんでおり、これが山裾《やますそ》や山腹の斜面を工事で削り取ったことにより、地山自体が平衡を失ったことが最大の原因と考えられた。

しかし、その範囲が広いため土留めコンクリートなどの構造物でこれを覆うよりも、斜面の平衡を確保するため上位部の土砂を取り去り、これを斜面下部に堆積することが根本的対策になるとの結論が出た。三三年三月から三五年三月まで応急、一次、二次の三度にわたって掘削工事が行われた。この掘削は面積一万七〇〇〇平方メートル、掘削量にして九万二〇〇〇立方メートルに及んだ。この工事によって地すべりはようやく止まった。

◆

昭和三四年五月初め、仮締切りダムが完成した。同年八月一七日、ダム本体河床部の掘削とグラウティング（岩の裂け目を接合する工事）の完了に伴い、コアの築堤作業を開始した。

同年八月二〇日、牧尾ダム本体工事の定礎式が、公団総裁浜口、副総裁進藤をはじめ愛知・岐阜・長野の各県知事、王滝村村長らが参加して行われた。祈禱の際、工事関係者はダム完成への決意を新たにした。

「この地を訪ねて、島崎藤村の大作『夜明け前』をもう一度読む気になった」

式典ののち、浜口は愛知県知事桑原に静かに語りかけた。

「私は公職追放の時に読みました。分厚い本で通読するのに一か月かかりました。木曾谷に生きた国学派知識人青山半蔵の幕末・明治維新の精神を語る必読の書ですね」

桑原は笑顔をつくって答えた。浜口は「拙作ですが」と言って短歌を紹介した。

「それぞれに　秀いでて　天をめざすとも　寄り合うたしか　森なる世界」

アメリカ人技師が旧知の清野保（当時農林省建設部長、のちに公団理事）に定礎式の儀式的な意味をたずねた。

「日本には古来工事の完成を祝って、大地の神を鎮めるために僧侶や尼などを〈いけにえ〉として捧げ生き埋めにする〈人柱〉という風習があったとされる。定礎の岩を地中に埋めるのはその名《な》残《ごり》かもしれない」

英語に堪能な清野は平然と答えた。アメリカ人技師は驚いて顔をしかめ両肩をすぼめたが、言葉は出なかった。工事はその後も昼夜兼行で続行され、夜間作業の際には工事現場が八方からライトに照らし出されて木曾谷に時ならぬ〝不夜城〟の異観をもたらした。

愛知用水と臨海工業地帯

昭和三一年度版「経済白書」は「もはや戦後ではない」とうたいあげた。三〇年（一九五五）年度の実質国民総生産が、戦前のピーク時を上回ったからである。昭和三一年度の民間設備投資額は前年度比四〇％という驚異的な伸びを示した。高度成長政策の一環として政府は、鉄鉱石の加工から製鋼まで一貫生産できる大工場を中核とした臨海工業地帯を造成する計画を立てた。日本の経済を一〇年で倍増し、サラリーマン所得を二倍に増やす「所得倍増計画」は夢ではなくなった。

臨海工業地帯（造成中）

久野庄太郎は政府の計画も知らないまま、愛知用水の農民負担を軽減するために名古屋南部に臨海工業地帯を造成しなければならないと確信した。決心した以上行動に移すのが久野である。知多半島の地元市町村長を中心に名古屋南部臨海工業地帯建設期成同盟会を設立するため説得に回った。三〇年九月二四日、愛知臨海工業期成同盟会を結成した。

会長白羽清一（横須賀町長、以下当時）、

副会長仙敷金四郎（上野町長）、石井次郎（知多町長）

幹事長・久野庄太郎、技術者・浜野辰雄

三二年六月、久野は自費でパンフレット『光水漫録』を一万六〇〇〇部刊行し地元の各家庭などに配布した。『漫録』の骨子は、①愛知用水と臨海工業を考えましょう、②工業地帯を守るため高潮防潮堤を作りましょう、③工業用水確保に佐布里《そうり》池（現知多市）を作りましょう、であった。久野は五七歳になった。その後、彼は東京で得た政界情報とし「日本の政財界は工業立国を目指して動き出し、政府の経済安定本部（経済企画庁前身）に地域開発小委員会が出来て日本の工業化の基地をどこにするかを決める」と帰郷後熱っぽく語った。その後非公式に得た情報では候補地は、①東京湾（拡大余地なし―経済安定本部、以下同じ）、②伊勢湾（将来性大―愛知臨海工業が対象となる）、③瀬戸内海の水島地区（水源が小さい）、④有明海（漁業と競合、辺地すぎる）との位置づけであり、愛知臨海工業地帯は極めて有利である、との吉報であった。

この情報を聞いた浜島は驚喜し、久野に「水源地としてダム湖を造成する必要がある」と説いた上で説明した。

「ダム湖は加世端《かせばた》に、ダムサイトは佐布里《そうり》―白沢道一〇〇メートル地点（いずれも現知多市東部の丘陵地）に築堤すれば取水は容易で、必要な水量を愛知用水から補給できる。新しい日本の工業地帯を造成するには少なくとも三〇〇万坪から五〇〇万坪（一坪は三・三平方メートル）が必要だ。そうすると、毎秒三～五立方メートルの水が必要となる。それには農業の田植え時期を四月末から六月末に引き延ばして水路断面を三～五立方メートル空けなければならない」

久野と浜島は翌日から用意した地図を持って関係地域を歩いて説得を始めた。その後、三重県四日市市が桑名と四日市の間に臨海工業地帯を造成する計画を発表した。工業用水は木曽三川（長良川、木曾川、揖斐川）に河口堰を建設して確保し、埋め立ては桑名―四日市間の三〇〇万坪から五〇〇五万坪を予定していると公表した。これに驚いた愛知県知事桑原は企画部長松尾信資に命じて水資源対策を検討させた。松尾は愛知用水公団に対して、①水は木曾川から愛知用水を通じて供給できるか、②工業用水として毎秒三～五立方メートルの供給は可能かを打診した。

公団では浜島の案を受け入れて「供給は可能」と回答した。浜島案は、農業の田植えの時期を分散することによって、昭和二二年の大干ばつの年でもピーク時七〇〇八立方メートル以上の断面の余裕があり、製鉄工場建設までに専用のダム（味噌川ダム、阿木川ダム）を建設し、佐布里貯水池で調整すれば、臨海工業地帯の埋め立てが完了するまでには、毎秒六立方メートル以上供給が可能になる、という内容だった。この間、三三年九月には、中京工業地帯に欠けていた銑鋼一貫生産を行う東海製鉄（現新日本製鉄）が設立された。同社は中部財界と愛知県の熱心な誘致運動が結実して名古屋南部地区に設立された。愛知県は広大な用地の造成を提供し（無償または廉価による）、諸税の免除、漁業補償の解決に当たることなど多大な優遇措置を約束していた。

愛知県は政府に対して浜島案の理解を懸命に求めた。その結果、昭和三五年二月二三日、臨海工業地帯は知多半島西岸に決定した。本格的な鉄鋼生産が開始されると、名古屋南部に一流企業の進出が相次ぎ、臨海工業地帯がほぼ計画どおりに形成された。その後三六年からは衣浦《きぬうら》湾臨海工業地帯が、また同三九年からは東三河臨海工業地帯の造成もされた。内陸部にも豊田市から刈谷市にかけて自動車工業地帯が形成された。さらには岐阜県可児《かに》市にも工業団地が誕生した。愛知用水は、中部地方の飛躍的経済発展を支える巨大な〝内燃機関〟となる。

伊勢湾台風の直撃——戦後最悪の被害

愛知県が高度経済成長にわき始めた三四年九月二六日、伊勢湾台風（台風一五号）が襲来した。不運の日は土曜日だった。この日朝、大型台風一五号は室戸岬の南方四五〇キロの海上を毎時三五キロの速度で真北に向かった。中心付近の気圧は九二〇ミリバール（単位は当時）だった。ラジオや普及し始めたテレビは「紀伊半島または東海地方への台風上陸は避けられない見通しとなった」と繰り返し報じた。伊勢湾の入り口は太平洋に向かって東南の方角に開いた形をしており、台風は侵入しにくい地形とされていた。事実、昭和二八年の台風一三号は潮岬で九二〇ミリバールだったが、伊勢湾の入り口をかすめて三河湾に入り、豊橋付近を通過したのが明治期以降で名古屋に最接近した唯一の被災であった。この日は、午前中から雨雲が低く流れて強風が吹き付けた。降雨量はそれほど多くはなかった。愛知県内の大半の小中学校は休校となった（当時は土曜日でも午前中いっぱい授業があった）。午前一一時、ラジオとテレビはすべての予定番組を中断して「三重県に暴風雨警報が発令され、続いて愛知県にも暴風雨警報と高潮警報が発令された」と伝えた。嵐にさらされた名古屋市や知多半島の市町村は息をのんだように静まり返り、時折消防車がサイレンを鳴らして走った。

午後六時、台風は東北に向きを転じて紀伊半島南端の潮岬と白浜の中間地点に上陸した。台風

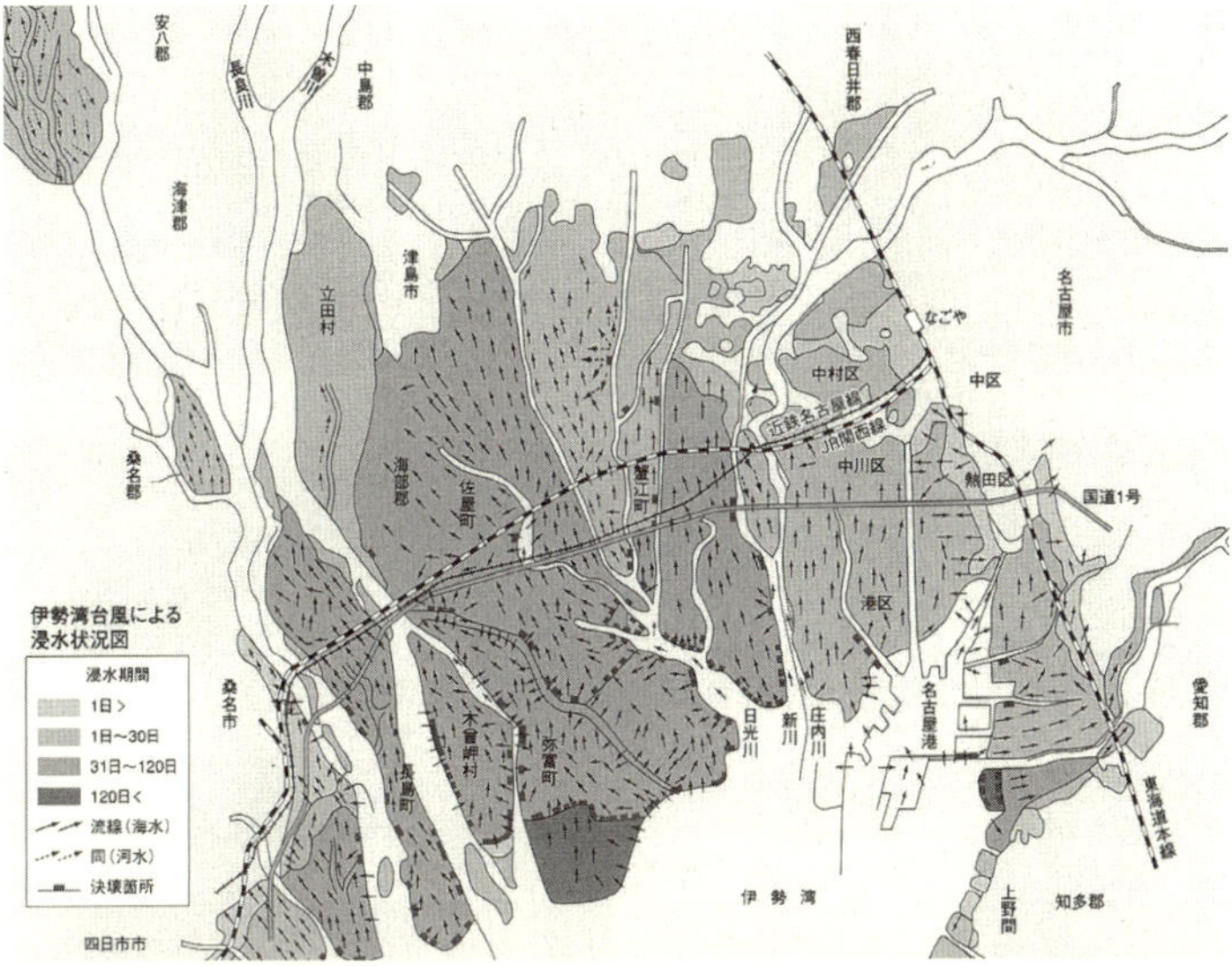

伊勢湾台風による決壊箇所と浸水状況図（（社）中部建設協会）

水没した名古屋市南部（（社）中部建設協会）

の勢力は鈴鹿山脈を越えても衰えることなく北上した。桑名・名古屋付近を暴風雨に巻き込んだ。名古屋市の一部では停電となった。台風の進路が伊勢湾の西側にあたったため、伊勢湾口から湾奥に向かって暴風雨が吹きまくり、高潮の吹き寄せ効果を高めた。河川は急激に水位を上昇させた。これに山のような高潮が牙をむいて海岸や河口を襲い、堤防が相次いで決壊した。海抜ゼロメートル地帯である名古屋市南部を中心に激流が暴れまわる広大な泥海と化した。名古屋港の最高潮位は午後九時半で五・八メートルであった。これは普段の潮位より三・五五メートルも高い記録的な高潮であった。大型台風の直撃が夜間であり、しかも停電となったこと、加えて大高潮が大惨事をもたらした。台風と満潮が重なり未曾有の大災害となったのである。

名古屋港の貯木場からは、巨大なラワン材の群れが流出して住宅地を直撃し多くの犠牲者を出した。海抜ゼロメートル地帯では、湛水が長期化したことも被害を拡大した。死者・行方不明者は五〇四一人。台風一五号は、明治期以降の台風被害では最悪の犠牲者の数を残して、翌二七日未明日本海側に去った(『愛知県の歴史』参考)。

愛知用水公団では、台風の去ったのちすべての工事現場で被災状況の把握に努めた。総裁浜口ら幹部は台風による被害は必至と懸念していたが、「定礎式の後に本格工事に入った牧尾ダム本体工事や幹線水路工事などへの影響は少ない」との報告を聞いて胸をなで下ろした。基本的施設は完成に近い状態であり、工事中断などの施工の進捗を妨げる被害は出なかった。九月二六日、半田市で伊勢湾台風に遭遇した三五歳の現場作業員が死亡しているが、愛知用水の業務中だったかどうかは不明である。

アメリカ人技術者の壮絶な死

愛知用水の犠牲者五六人の中にただ一人アメリカ人技術者がいる。牧尾ダムはダム本体の建設工事に入ったが、火山性有毒ガスの噴出防止が最大の課題だった。愛知用水公団設計課の技術者で建設監督（班長））大根義男《おおねよしお》は、有毒ガスの「ガスだまり」を埋めようとコンクリートを三日三晩注入した。セメント量で一一〇トン余りを注入した。幾ら入れても固まらないし止まらない。大根の部下が砂を用意したが、砂と水は二・七対一・〇の比重だから水と砂はどうしても混ざらない。そこに技術顧問団エリック・フロアー社の初老のダム技術者エドワード・ロイド・ビーズレー（Edward Lloyd Beezley）が姿を見せた。

アメリカ人技術者 ビーズレー

「コンクリートに籾殻《もみがら》と木くずかおがくずを入れ、かき混ぜてみてはどうか」

大根は英会話には不自由しなかったが、アメリカ人技術者の助言はどのダム専門技術書にも記述されていない「突拍子もない手法」（大根）であり、にわかに信じることはできなかった。だが大根は何としても有毒ガス噴出を防がなければならない。「ものは試しだ！」。さっそく大量の木くずや「おがくず」を営林署から譲り受け、また籾殻は農家からもらってコンクリート・ミキサーに投げ入れてみた。六時間かき混ぜて粘り気を持たせたセメントを「ガスだまり」に流し込んだ。しばらくするとセメントが固まって「ガスだまり」を封じた。セメントが亀裂に詰まって、封じ込めは成功したのだった。ビーズレーは快心の笑みをほころばせて大根に語りかけた。

「この手法はアメリカの断層の多い山間地でよく使っている。ダム技術者は理論よりも現場での経験が大切だ」

アメリカの庶民哲学は〝プラグマティズム〟である。アメリカ的経験主義である。大根がエリック・フロアー社の幹部技師から聞いたところでは、ビーズレーは高等教育を受けていない典型的な「たたき上げのダム技術者」で、牧尾ダムの工事に自ら進んで参加したとのことだった。ダムの基礎工事が完了する直前の三四年一二月一〇日昼過ぎ、ビーズレーは日本人技術者を指導している最中、胸を両手で押さえてその場に倒れた。病院に運ばれた時には既に息を引き取っていた。死因は狭心症だった。彼は狭心症の持病を抱えていることを同僚のアメリカ人技術者を含めて誰にも伝えていなかった（ビーズレーが倒れたのは別の場所との説もある）。初老とはいえ壮健であることを誇示していたのであった。享年六三。愛知用水では二七番目の犠牲者、アメリカ人技術者では唯一の殉職者となってしまった。現場に生きたダム技術者の他国での壮絶な死だった。老練な独身者の孤独な死でもあった。遺体は冷凍保存されて母国に送られた。

「アメリカ人ですら命を張って工事完成を目指している。自分も命を捨てる覚悟で完成を目指す」

大根ら現場技術陣は決意を新たにするのだった。

着工が遅れた東郷調整池

東郷調整池（工事中）

東郷調整池（愛知池または東郷ダム）は、公団法によって農林大臣から指示された事業基本計画には当初組み込まれていなかった。その後、公団内で当初計画されていた一〇か所の補助ため池の大部分を統合する方針が示されて、工事費削減にも寄与することからその造成が歓迎された。この方針に基づいて、愛知県日進町（当時、以下同じ）に計画され中断された大落差工の付近でダム建設の適地を調査した。その結果、諸輪《もろわ》（当時東郷村）付近にダム建設地点が浮かび上がった。三一年三月、公団は現地調査に入った。だが公団と地元農民らとの用地交渉が決裂し現地調査は中断された。以後二年間、公式には一切公団職員の現地立ち入りは禁止となった。三三年になって、ようやく地元との用地交渉開始の兆しが見え出した。同年六月、現在のダム建設地点の調査が開始された。三四年一一月、ようやく工事着手にこぎ着けた。同池は幹線水路のほぼ中央に位置する。幹線水路の標高差を利用して、約九〇〇万立方メートルの貯水を行う計画であった。これによって誕生する調整池は、木曾川の余剰水を導入した上、灌漑用水・工業用水さらに上水道用水に供給するだけでなく、水を有効利用できるように調整する。「愛知用水の胃袋」と愛称されている。同池（ダム湖）は技術的には日本におけるアースダム建設史に一つの時代を画すものである。

① アースダム建設には、経験的な側面が大きく支配していたが、土質工学の進歩から合理的な設計ができるようになった。
② どんな場所でもアースダムは築造できるという確信を得た。
③ 重機械の使用と土質工学の支援により、経済性に見合った短期間の施工が可能になった（ダム本体の工期は二〇か月間）。
④ 各種の観測機器を堤体内部に埋設して、ダム堤体の変動を観察しながら施工するようになった。

東郷調整池（ダム）では、ダムからダム池側へ約一五〇メートルの区間に厚さ二メートルの粘土を張り付けてできる限り漏水量を少なくする「ブランケット工法」が採用されている。

斬新なアイディアだった。同池は工事開始が遅れたことから、愛知用水通水開始から四か月後の三七年一月完成に到達した。

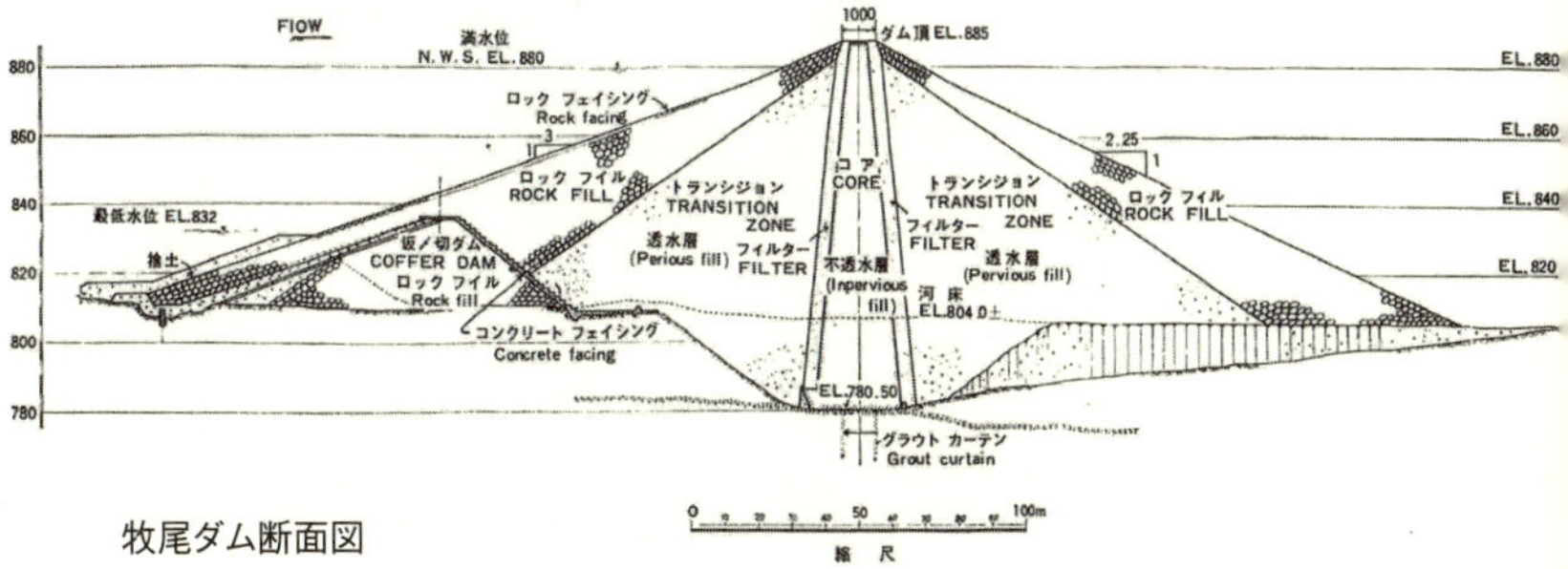

牧尾ダム断面図

農業土木技術の飛躍的向上

愛知用水によって受益する地帯は、日本列島のほぼ中央部にあたり、北緯三四度四二分から三五度二七分にのびる。南北八五キロ、東西一五キロに及ぶ大きな丘陵と平野を持つ地域である。日本における有数の穀倉地帯の一つである濃尾平野の中央に位置する、主として低い丘陵地帯から形成されている。この地域の中核都市が名古屋であることは言うまでもない。戦後初の河川の多目的開発計画である愛知用水事業が農業土木技術分野に与えた影響は計り知れない。同事業は、①水源ダム、幹線水路、支線水路、末端水路に至る事業の一貫施工体制の確立、②大規模な畑地灌漑の採用、③巨大な機械化施工による農業土木技術の向上など、その後の土地改良事業や制度の在り方の規範となった。技術面での特色をあげてみる。

・開水路は、農業用水の送水や配水手段として古くから用いられてきた。愛知用水では薄いコンクリートライニング水路（薄くコンクリートで覆った水路）が大々的に導入された。

・水路技術上の画期的な例は少なくない。この中で水理設計上

（上）こうこうたる照明の下で突貫工事を進める牧尾ダム（『愛知用水』）
（下）水路橋のコンクリート打設『愛知用水』）

注目すべき点として、水位調整施設による排水管理方式、東郷調整池（ダム）の調整施設の設計があげられる。水位調整施設としては、自動ゲートが導入され、上流水位一定制御方式によって、上流優先の定量分水を実現した。東郷ダムは、水路の約二〇メートルの余剰格差の有効利用、木曽川豊水の余剰流入水の活用が設計の動機で、結果として水路の計画最大流量を減ずることになった（水力発電も可能となった）。

・パイプラインは上水道には多く用いられてきた。農業用に使われたのは愛知用水事業が初めてであるとされる。

第十二章

愛知用水ついに完成

大地に生きる人々

完成へあと一年

中日新聞は、昭和三五年（一九六〇）一月一五日付の夕刊で「愛知用水特集」を報じている。社会面の紙面を埋め尽くした特集のタイトルは「愛知用水完成へあと一年」である。地元紙の世紀の大事業に寄せた大きな期待を記事中に見出すことができる。

「〈今月から全面着工――順調に進行率六〇パーセント〉（見出し）

愛知県下七市一六町村三〇余万人の農民の悲願をかけた『夢の用水』愛知用水事業も、いよいよ最終年度を迎えた。三二年一二月、総工費三三一億円で工事に着手してからまる二年間、愛知用水工事は資金面をはじめ、用地買収交渉など多くの困難にはばまれながらも、優秀な技術陣と機械力

「完成まであと1年」（中日新聞）

をフルに動員して、めざましい進歩ぶりをみせた。最初危ぶまれていた昭和三六年三月末の完成期限も最近では『予定期日までには必ず完成させる自信がある』と公団首脳部が断言するほどの強気を見せている。

〈木曾川の清流を知多半島へ〉

すでに幹線水路一一二〇キロ、支線総計約一一〇〇キロの工事は、全体で六〇パーセントに達する進行率を示し、起点の牧尾ダムから愛知県知多半島南端に至る一四の工区も、昨年末愛知県愛知郡東郷村地内に建設される東郷調整ダム（池）の補償交渉が妥結したのを機に、最後まで残されていた第九、一〇両工区の工事も一月中に着手される見通しとなり、ここに愛知用水は全面的な着工をみるに至った。

かくて来年六月の通水期には、木曾川の清流を、知多半島の末端までみちびき入れるため公団は〈この一年〉にすべてをかけて工事完成にラストスパートをかけると、決意のほどを語っているが、技術面はともかくも、資金面や公団解散後の整理方針などに問題はないだろうか。（以下略）」

取材記者は、愛知用水事業が予定どおり完成される見通しであることを前提にして、早くも「資金面や公団解散後の整理方針など」の問題を論じている。

安保改定と高度経済成長

昭和三五年、国を二分した日米安全保障（安保）条約改定は国政や国民を混乱のるつぼに陥れた。世相は闘争一色に塗られた。野党社会党は左右二派に分裂した。同年七月、岸内閣が日米安保条約改定の政治的責任をとって総辞職したのを受けて、池田内閣が誕生した。「寛容と忍耐」「低姿勢」を売り物にした総理大臣池田勇人は「今後年率九パーセントの経済成長を目指す」との新政策を発表した。計画は、太平洋ベルト地帯に工場を集中させ、農村から大量の労働力を都会に移動させて、政府資金を積極投入して社会資本を充実させるとの内容だった。同年一二月、政府は「国民所得倍増計画」を閣議決定した。計画は、一〇年間で国民総生産（GNP）を倍増させるという斬新な政策だった。所得が二倍に増えるという魅力的なスローガンが国民に強烈な印象を与え、政府自民党の政策として空前のブームを呼んだ。この政策の高い支持を背景に、日本政治の中心課題は経済の高成長か低成長か、赤字財政か財政再建か、などの経済問題に集中し、経済官庁主導型の政治運営となった。

池田内閣が推進した高度経済成長政策の最大の特徴は積極的な財政投融資だった。「岩戸景気」に支えられて税収の自然増が続いた。道路・河川・ダム・上下水道などの社会基盤整備事業が同時進行され、それらがさらに景気を刺激していった。しかし高度経済成長政策は日本列島に大きな歪みをもたらす。その象徴の一つが、人口のスプロール現象である。首都圏や京阪神地区への人口集中はかつてないほど異常な状態となり、劣悪な住宅環境や地価高騰の引き金となった。大気は汚れ、河川や湖沼は排水の垂れ流しで異臭を放った。〝不快指数〟が気象用語として採用され、大都会ではスモッグが社会問題化した。一方で、農村は若者が都会に出て過疎化が急速に進んだ。日本では、労働力として工業人口が農業人口を追い越すのはこの一九六〇年代である。

負担金対策に新農法

「愛知用水が完成すれば渇水問題は解決するが、負担金問題が起きて来る。解決策は多収穫を図るしか道はない」。三五年三月、久野庄太郎は私財一五〇万円を投じて密植栽培の試験田をつくり、地元中島青年同志会の協力で田植えをした。六〇歳の農民久野はアイディア・マンでもある。その方法は、深耕密植栽培と呼ばれ、久野は自分の所有田二五アールを一メートル余り掘り下げ、近くの山で掘った二〇〇トン余りの土を下部に入れた。さらに南知多からレキ岩八〇トンを購入し、それを敷いた上に床土とレキ岩の混成を入れた。地表には作土とたい肥、灰を入れて「本田」「仮植え田」「寄せ植え田」の三つの試験田をつくった。三月二五日に苗田に種をまき、五月一日に本田に植え、八月に刈り取る。その他の田は少しずつ遅らせて田植えを行い八月末に刈り取りをする。これで一反歩(九・九アール)一二・七キログラムだった収穫を三〇キログラムから五〇キログラムに増やそうというねらいだ。苗の促成にはビニールハウスを使っている田畑もある。この新農法は愛知用水通水後に一部地域で導入された。

翌三六年三月、昭和二九年以来破産宣告を受けていた久野庄太郎は、管財人や債権者の協力により免責となった。見えない牢獄から脱出できたのである。五年前の三〇年八月、久野は、愛知用水報告のため総理大臣引退後の吉田茂に浜島とともに面会した。この際、破産したことを告げた。吉田は「愛知用水、久野庄太郎破産、ええじゃないか。立派なもんだ」と語り、「桃李不言下自為蹊」（桃李もの言わず下自《おの》ずから蹊《けい》をなす）と墨書した書を贈った。吉田のこの激励が苦境に陥った久野の何よりの励ましとなった。

総裁——三六年六月通水を断言

　愛知用水公団浜口雄彦は、三五年四月四日の記者会見で「愛知用水事業は当初総予算三三一億円が四二二億円となって九二億円増え、工事も順調に進んでいる。来年（三六年）六月待望の通水は確実の見通しとなった」と断言した。これにより、通水式は次年六月に予定されることになった。公団、農林省、愛知県庁などでは早くも式典の準備作業に入った。

　知多半島の市町村では、愛知用水の通水が確実になったことから多角経営と能率化を柱にした営農計画を立案し出した。半田市では「ミカンの三大生産地」を目指して苗木一七〇〇本を購入し希望する農家に配った。常滑市でもミカン栽培を推進する計画を立てた。特産のスイカ産地を目指す新開墾地も増えた。知多半島南端の師崎町では松の苗三万本を海岸線や高台に植えた。伊勢湾台風の被害地に水路が走ることから植えたのだった。

　同年七月一一日、愛知用水の七四のトンネル幹線のうち、三番目に長い富士トンネル（岐阜県犬山市根比敷―佐賀瀬間、延長一九九四メートル）が幹線水路の先頭を切って完成した。同工事には延べ一〇万人の労働者が作業にあたった。セメント六〇〇〇トン、鋼材二七五トンを使った大工事だった。不幸な事故も相次いだ。

一一月二五日、愛知郡日進町の幹線水路第九工区の岩藤トンネルで落盤事故が突発し、五人の作業員が生き埋めとなった。昼夜を徹しての救助活動が行われたが、一人は救出されたものの四人の作業員は遺体となって収容された。一二月四日には、守山市の志段味第一トンネルで落盤事故が発生し、行方不明となった作業員の死亡が確認された。巨大プロジェクトだけに不幸な事故はあったが、汚職はなかった。「当時の政治家・担当国、県、市町村当局の役所が国の復興に真剣であり、地元も金がなく、多くの人々の私財を投げ出しての事業推進であったからだと思う。これは本当に誇りに思える」（『愛知用水と不老会』の浜島コメント）。

◆

三六年の一月新年号で、中日新聞は「完成迫る中部の大動脈」と題する特集を掲載し、その中で愛知用水を「日本一の総合開発」として大々的に取り上げた。

同年二月、半田警察署は愛知用水の水路の危険個所を調べた結果、市民が転落するなどの危険が予想される場所が七か所あると発表した。これを受けて、公団では当面の対策として、①危険個所には「ここで遊んではいけない」との危険表示板を立てる、②柵を設けて入れないようにする、③

学校をはじめ婦人会やＰＴＡに協力を要請する、以上三点を実施することになった。

同月二八日、牧尾ダムの本体堰堤が完工し、四月一日から貯水を始めることになった。

牧尾ダム完工式

三六年五月三日、愛知用水の通水式を前に、久野庄太郎と浜島辰雄に中日新聞社から「中日文化賞」が贈られた。農民や農業土木技術者に贈られるのは極めて稀《まれ》なことであった。

同年五月二八日午後一時半、愛知用水の「心臓部」牧尾ダム（長野県西筑摩郡王滝・三岳両村）の完工式が、ダムサイトで挙行された。現場には「祝　完工式」の塔やアーチが設けられて、朝から四回に分けて打ち上げられた四〇発の祝賀花火の破裂音が谷間に響きわたった。完工式に先だって、愛知用水公団関係者ら一〇〇人がダム建設工事の犠牲者二一人の慰霊碑の除幕式を行い、犠牲者の冥福を祈った。この中に、久野と浜島の喪服姿があった。式典には衆参両院議員一〇人余り、農林大臣代理、長野県知事西沢、同県議会議長中村、王滝・三岳両村長、愛知用水公団総裁浜口、同公団堰堤事業所長畔柳ら約三〇〇人が参列した。所長畔柳は、三二年一二月以来三年半、八八億円の工費と延べ八〇万人の労働力、連日一〇〇台を超える重機械を使って昼夜兼行の作業で造り上げた工事報告を感無量の表情で読み上げた。

中日新聞の翌五月二九日付朝刊は報じている。

「愛知用水の『誕生日』が近づいてきた。通水に先だって二八日、水源地の長野県牧尾ダムで完工

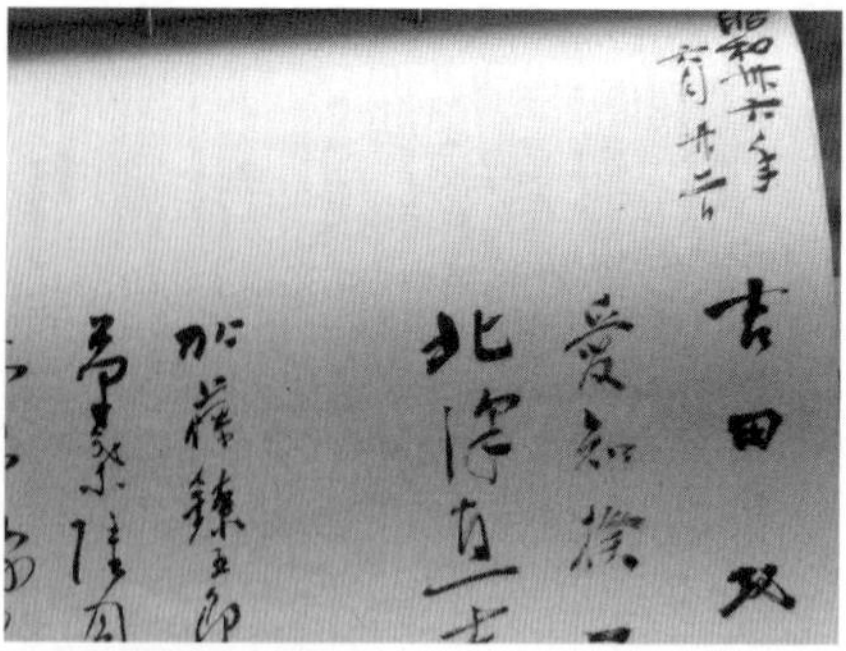
吉田茂の署名（右端）

式が行われ、風雪にたえて難工事と取り組んできた山の人々の表情もほっとしたように明るく輝いた。ところどころにまだ雪を身に着け、どっしりとそびえる木曽御岳のふもと、たくましいロックフィル・ダムにさえぎられて、満々と王滝川の水をたたえた牧尾ダムの湖面は、通水の日を前にして満を持して静まり返っている」

「空から見た愛知用水はまことに印象的だ。開墾地は地図の『等高線』を入れたように階段状に切り開かれ、一日千秋の思いで夢の水を待ちわびているような感じ」

「六月下旬には待望の通水式」。関係者の誰もがそう信じていた。

六月二二日、愛知用水の「生みの親」の一人元総理大臣吉田茂が、久野や浜島の招待に応じて愛知用水の現場を視察した。長女麻生和子（元総理大臣麻生太郎の母）や側近議員らが同伴した。久野と浜島は名古屋駅で一行を出迎えた。

「いよいよ出来ましたね。おめでとう」

和子が吉田に代わって祝辞を述べた。

「吉田先生のおかげで愛知用水は出来ましたが、これからは負担金を払っていかねばなりません。喜んでばかりはおられません」

久野が笑顔を消して語りかけた。

「負担金は何とかなるわね、おじいちゃん」

和子が声を張り上げると、吉田は「うん。うん」と苦笑しながらうなずいた。小柄な元総理大臣は高齢の割には健脚だった。彼は「二六日には通水式だね」と満足したように声を挙げ、久野が差し出した芳名録の筆頭に筆で署名した。

三六年六月豪雨

昭和三六年は梅雨に入ってからも雨の日が少なく水不足も懸念されていた。六月二三日、梅雨前線が南方海上の熱帯性低気圧の影響により動き始めた。二三日から雨が降りだし、二四日になると梅雨前線が北上して活動が活発となり、夜半から土砂降りとなった。一方、二六日には台風六号が北上し、その影響を受けて記録的な豪雨となった。大雨は降り続き、伊勢湾沿岸や濃尾平野では集中豪雨が続いた。このため、愛知用水の幹線・支線の水路が走っている知多半島では、中小河川が相次いで決壊した。この「三六年六月豪雨」は中部地方以西で死者行方不明者三五七人を出す大水害となり、全国の総雨量は六〇〇億トンで琵琶湖貯水量の約五倍とされた。この豪雨で愛知用水の幹線水路数個所が決壊した。

二六日予定されていた通水式は延期となり、九月に行われることになった。この記録的大雨は愛知用水の施設にも多くの被害を与えたが、とくに下流部南部丘陵地帯の被害が大きかった。被害が下流部に集中したことは、記録的降雨量であったことはもちろんであるが、①施設の多くが砂質土を主体とした材料を切り盛りして築造されていること、②各工区とも上流部に比べて完成から日が浅く、安全度が進んでいなかったことなどが被害を大きくした原因だった。

復旧工事の実施にあたって公団は、災害後放置しておくとさらに被害を増加させる恐れのある個所や応急措置を講じないと安全が阻害される個所については、査定前に応急復旧を行った。査定後実施設計計画書を作成し、これに基づいて本格的な復旧工事に入った。被害の大きかった南部丘陵地帯を中心に公団の全機構を動員して早期復旧を図った。その結果、工事は順調に進み、三か月ほど遅れて、九月一六日の通水式を予定した。ところが今度は第二室戸台風（台風一八号）が関西地方を中心に来襲して大水害となり再度延期になった。ようやく九月三〇日に通水式を行い、翌一〇月一日には全水路の通水を迎えることになった。この災害復旧工事の最中の九月八日、一三工区の区長三村貞夫が現場視察中不慮の事故にあい殉職した。工事期間中の最後の殉職者であった。享年四二。

秋晴れの通水式

四二二億円の総工費と六年の歳月をかけた愛知用水の建設事業は、東郷調整池の一部工事を残して完成した。三六年九月三〇日午前一一時、岐阜県加茂郡八百津町の木曾川兼山取水口で三〇〇人余りの関係者が出席して通水式が挙行された。五〇人を超えるマスコミ関係者が押し寄せ、式典の模様はＮＨＫとＣＢＣのテレビ局で全国に同時中継された。ＮＨＫのベテランアナウンサーは笑顔を絶やさずにリポートした。通水式が全国に同時中継で報じられることは極めて珍しいことだった。

干ばつに苦しみ続けた知多半島の一角で用水実現の農民運動が起こってから一三年が経過した。集中豪雨と第二室戸台風で二度にわたって通水式が中止されるなど試練も受けた。

愛知用水通水式（TV中継）

五万七〇〇〇戸の農民たちの夢を集めた木曾川の清水は真新しい幹線水路を奔流となって流れ下った。さわやかに晴れ渡った同日朝、地元八百津町では会場の入り口をアーチで飾り、隣接の可児郡兼山町でも軒並みに通水祝賀の提灯を掲げて来客を迎えた。

農林省から農相代理の政務次官中馬、農地局長庄野ら、衆参両院議員代表、愛知・三重・長野各県知事、関係市町村長、土地改良区代表、Ｅ・Ｆ・Ａのアメリカ人技術者たち、それに中日文化賞を受賞したばかりの久野庄太郎、浜島辰雄も姿を見せた。

定刻に、公団理事伊藤が開会のことばを述べ、神事に続いて公団総裁浜口を先頭に来賓たちが祭壇に玉ぐしを捧げた。続いて、一同は取水口へと揃って移動した。木曾川に面して閉ざされた高さ六メートルの銀色に塗られた三門のゲートの上に、農林政務次官中馬、総裁浜口、公団水路第一事務所長阿部が並び、通水三分前から、公団職員がカウントダウンの秒読みを始めた。「スイッチ・オン」。午前一一時四〇分。三人の手でボタンのスイッチが押され、取水口のゲートはゆっくりと開かれた。木曽川の最良質の河水がしぶきをあげて水路に吹き出し、取水口に続く兼見トンネルの入り口に流れ込む。

愛知県知事桑原が、勢いよくひもを引くとトンネル入り口につるされたくす玉が割れ、五色の紙吹雪の中を一〇羽余りのハトの群れが秋空へ飛んだ。拍手が一斉に沸き起こる。清めの酒樽が水面に落とされ、トンネルに吸い込まれた。ゲートは完全に開き、毎秒三〇トンの清流が滝のような勢いで流下し、通水式は最高潮に達した。一一時四五分、式典は滞りなく終了した。会場には地元兼山小学校の児童も招かれて式典を見物した。

祝宴に先だって総裁浜口が謝辞を述べた。

「〈愛知用水工事の完成にあたって〉

愛知用水事業はあらゆる意味において日本における画期的な事業であり、それだけに事業遂行の困難さは当初の予想よりはるかに大きかったのであります。

愛知用水における事業計画と事業運営の在り方とは理想の域からやや遠かったかも知れません。しかしわが国の様な複雑な国内事情のもとでも、やり方次第ではかなり理想に近い総合開発を実施できるということが事実を以て証されたことは大きな収穫であったといえましょう。

事業の規模ならびに性格などから考えて独立の実施機関の設置は当然必要であったのでありますが、さらにこれが一つの組織体としてその持てる力と機能を余すところなく発揮しなければならないことは申すまでもありません。

この点、愛知用水公団は幸いに国内の各領域から多数の練達の人を集めて渾然たる組織体として活用出来たのみならず、海外の新技術を導入しきわめて短時日のうちにこれを消化して、わが国の技術界に新風をもたらす工事を完成したのであります。

通水式（兼山取水口）

愛知用水の全工事はここに完了いたしました。木曾川から取り入れる清冽な水——この水をわが国経済情勢の変化に対応させつつ最も有効に利用することこそ今後に残された重要な課題であると申せましょう。

水のゆくてに幸多かれ。

昭和三六年九月三〇日
愛知用水公団　総裁　浜口雄彦」

浜口は終始厳粛な表情だったが、時々感極まったように言葉を詰まらせた。大役を終えた浜口は、この日を最後に公団を去るのである。会場に当てられた兼山取水口の敷地に愛知用水完工記念碑が建てられた。

「木曾の水は、百年の夢をうつつに愛知用水として、濃尾の野をうるほす、ゆくてに幸多かれ
浜口雄彦」

木曾川の水が知多半島の南端まで到達したのである。彼の後任の理事長（総裁から理事長となる）には農地開発機械公団（のちに農用地開発公団、現独立行政法人森林総合研究所森林農地整備センター）理事長成田努（六六歳）が就任する。

愛知用水運動の功労者久野庄太郎は、記者団に「通水式に臨んだ感想」を繰り返し質問された。

「愛知用水は私の生涯の中で出来るとは思わなかった。眼の黒いうちに、せめて水路の幅ぐいを打ってもらえば、と思っていただけに完成はうれしい。しかし、うれしいに違いないが、何億円という農民の負担金を、どう捻出しようか、とそればかり考えていた。名古屋南部の臨海工業地帯へ水を売り、これらの負担をいくらかでも少なくしよう、と考えていた」（『躬行者』より）。久野は常日頃から「愛知用水は地元負担金の完納をもって完成したと考える」と主張していた。

三六年一一月、公団はE・F・Aとの間に「技術援助協定に基づく役務の完了についての協定書」を調印し五年半に及ぶ同社との契約は解除された。同社の技術陣は多くの功績を残して相次いで帰国の途に就いた。アメリカ技術陣から直接指導を受けたロックフィル・ダムの技術は、日本の大ダム建設に大きく貢献する。

愛知用水公団は、新しく発足する水資源開発公団（現（独）水資源機構）に統合されることが決まっていた。この三六年、従来の多目的ダムに産業発展のための利水目的を目指し、自然湖沼や用水路・

堰などを総合的に運用することで系統的な利水供給体制を整備するための法整備が行われた。「水資源開発促進法」であり、事業の執行機関を定めた「水資源開発公団法」とともに国会で可決・成立した。翌三七年五月一日に両法は施行され、ここに水資源開発公団が発足した。愛知用水公団は水資源開発公団に統合された。新しい公団の初代総裁には愛知用水公団副総裁進藤武左衛門が就任した。

知事桑原の回顧

愛知県知事桑原は感激をこめて追想する。

「待ちに待った通水式の日は秋晴れでした。浜口総裁はじめ、中央から河野農相代理の中馬政務次官ら、それに地元の児童らも出席した。浜口さんらがスイッチを押してゲートを開けると、木曽の水が勢いよく用水に流れ込んだ。私もくす玉を割りました。紙吹雪とともに、つるされた酒樽が水路に落ちて行ったが、そうした水の流れ込む様を見て、まことに感銘が深かったことを覚えています」

「感銘が深いと言えば、その後、知多半島の先端の師崎から篠島、日間賀島へ日本一長い海底パイプが敷かれ、『木曽の水』が離島に届いた時も深い感銘を覚えました。私は通水式（三七年一〇月一二日）に出るため両島に渡ったのですが、子供たちが日の丸の旗を振って歓迎してくれましてね。篠島では学校の校庭の一角に蛇口があって、栓をひねると、ジャーッと水が出た。私はアルミのコップでその水を飲んだら、並みいる人たちが感激してね。思わず拍手やバンザイの声があがりました。私は民家の勝手口にも入っていって蛇口をひねってみました。何しろ、はるばる御岳《おんたけ》さんのふもとからの水が出てくるのですから。思わず涙ぐむお年寄りもいましたね」

「愛知県にとって、さらに幸いであったことは、愛知用水公団に結集した技術陣が、今度はそっくり豊川用水に投入されたことでした」(『桑原愛知県知事回顧録』より)

豊川用水は豊川、天竜川水系を水源に、渥美半島など愛知県東三河地方と静岡県湖西地方の一部

師崎の先にある3つの島も木曾川の水を待っていた(写真は篠島)

を受益地域とする総合開発計画である。農業用水、工業用水、水道用水を供給する。二四年九月、農林省が国営事業として着手した。途中、三六年九月、愛知用水公団が継承し、総事業費約四八〇億円で四三年に完成した。着工以来一九年、計画立案以来実に四一年を要した。西の愛知用水とともに愛知県の二大用水と言われる。その後、豊川用水は佐久間ダムからの分水が通産省（当時）により認められ事業を拡大した。

愛知用水が通水した年の六月、その後の農業政策に多大な影響を与える法律が制定された。農業基本法である。同法は「農業界の憲法」とされた。農業生産性の引き上げと農家所得の増大をうたった法である。昭和三〇年代の高度経済成長とともに広がった農工間の所得格差の是正が最大の目的であった。この法律によって農業の構造改善政策や大型農機具の投入による日本農業の近代化を進めた。結果として生産性を飛躍的に伸ばすことと農家の所得を伸ばすことに成功した。だが大部分の農家が兼業化し、同時に農業の近代化政策による労働力の大幅削減で農村の労働力が東京、大阪などの大都市部へ流出した。農業の担い手不足の引き金となり、食料自給率低下の要因を作ってしまった。平成一一年（一九九九）、食料・農業・農村基本法が制定され廃止された。

短期完成の要因

愛知用水事業は当時の日本では予想もできない短期間で大事業を仕上げることができた。短期間に完成した理由を改めて列記したい。それは農業土木発達史上特筆に値することであった。

①世銀融資の導入、②円資金提供の導入、③全国から優秀な人材を確保、④海外技術《ノウハウ》の導入（アメリカを中心とする外国人技術者の指導）、⑤大型土木機械の導入、⑥薄いコンクリートライニング台形水路の採用、⑦幹線水路一一二キロを一七分割して同時着工、⑧支線水路の愛知・岐阜両県委託、⑨都市用水・発電への資金供給。そして、なによりも久野や浜島らに代表される知多半島農民たちの熱塊のような決意があった。

二人の農業工学者の「愛知用水への期待」（『愛知用水—その事業の意義』）である（肩書はいずれも当時）。

東京大学教授福田仁志は語る。

「灌漑事業が成功であるか、成功でないかは、水を使う農家一人一人が、その事業を理解し、協力する程度にかかっている。とすれば、愛知用水事業において、水源が確保され、導水も幹線が完成した現状では、それは出来あがった成功とはいえないであろう。なぜならば農家は自らの耕地に、望むときに望むだけの水量が円滑に来るかどうかは未だに身近に感じていないからである。筆者はそれ程、末端水路での水の配分、水の管理がいかに重要であるかを強調したいのである。

筆者が愛知用水事業を以て灌漑史上、新に画期的であるといったのは、巨大な工事費、アメリカの新工法導入ということに対してではなくて、湿潤地帯における水管理と配水を二万町余という一大団地の水田、畑に灌漑をおこなう事業に対してである。その水操作上に来る困難さを克服することこそ、日本の農業土木技術者の努力に値する有意義な仕事と思いたい。（以下略）」

東京教育大学（現筑波大学）教授和田保はコメントする。

「愛知用水の仕事は規模と工事のスピードと機械化された設計及び施工とにおいて、確かにわが国では画期的なものというべきであろう。機械化施工の方法も、アメリカの機械と技術を取り入れたものであって、日本で今まで遅れていたものが、啓発されたという意味において、高く評価されるべきものであると思う。

愛知用水事業の真に尊い本質は、木曾川の水をあの広い区域にわたって農業と他産業の間に合理的な調整利用する計画を立て、それを実現したことにある。日本の産業の発展のために必要とする水を、農業自体を犠牲とすることなく、むしろ、その発展を助けつつ、供給していく、これは今後の全体の発展のために課せられた大きな課題である。愛知用水事業はその一例を如実に示した。あの区域は今後日本産業の大きな基地に発展するだろう。それを愛知用水が養うのである。しかも農業の面において恵まれなかった多くの耕地と、それに生活する農民の諸君が生活を豊かにすることが出来るとすれば、これほど尊い仕事はあるまい。（以下略）」

不老会

農民久野と農業高校教師浜島によって発案された愛知用水は遂に完成した。長い険《けわ》しい道のりだった。同用水は知多半島の生活向上や産業発展に大きく貢献する。だが完成までに五六人の犠牲者を出した。久野と浜島には終生忘れられない痛恨の惨事であった（以下『愛知用水と不老会』参考）。「私が殺したようなものだ。私がこんな仕事を始めなければ、この人達は死ななかった」。久野は嘆き悲しんだ。昭和三六年夏、久野は、水利観音を抱いて旧知の名古屋大学総長・医学博士勝沼精《せい》蔵《ぞう》（一八八六―一九六三）を総長室に訪ねた（勝沼は血液学の権威で、第三代名古屋大学総長を務めた）。総長勝沼には人生上の悩みなどを相談して来たのであった。久野は心境を率直に述べた。

「愛知用水の犠牲者には誠に申し訳なく思っています。いっそ自分を人柱として埋めてもらおうかとさえ思っています」

勝沼は静かな口調で答えた。

「人柱なぞになって死ぬことはないよ。君は偉い。私は医者として今までに一万人か二万人を診察したか知らないが、皆助けることは出来なかった。君は愛知用水を造って五〇万人、いや一〇〇万人以上の人においしい水を飲ませ人助けをしている。立派な仕事をしている。死ぬことはないよ」

こう諭《さと》した上で、総長は語った。

「医者を育てるのに人体の構造を教えなければならない。そのために実際の人間の解剖をする必要があるが、解剖用の遺体がなくて非常に困っている。学生二人に一体という基準を満たすことができず、一〇人、二〇人に一体ということで困っている。私も及ばずながら頭は卒業した東大に、体はお世話になった名古屋大学に寄付することにしている」

「私もやります」。久野は即答した。

「そんな簡単なものではない。帰宅して家人とよく相談し、家族の賛同が得られたら所定の様式で申し込むことになる」

総長は説得力のある口調で伝えた。

「よし、私もそれをやる。御願いします。これで気分が清々した」

久野は名古屋市役所前の土地改良会館に仮住まいしていた愛知用水土地改良区に飛んで帰って、浜島に経緯を話した。

「私もやりますよ。戦死する運命にあった私ですからね」

献体の塔（名古屋市・平和公園）

浜島も即座に賛同した。久野は帰宅して妻子に伝えた。全員が賛成との答えで、妻はなは「あなたが行く所ならばどこへでも行きます」と理解を示した。勇気百倍だった。久野はこれに力を得て、同じ町に住む加古文雄夫妻ら知人に相談した。皆がすべて賛成した。加古は助言した。

「これは入会申し込み書の完全な書式を名古屋大学で聞いて来て、入会の規約を作って、事務所を久野宅の隠居所を使って活動を始めてはどうだろうか」

久野は名古屋大学医学部松坂佐一学部長を訪ねて、献体の基本となる事項、今までの献体のあり方などを聞いて帰り、自宅の隠居所を事務所として活動を開始した。会の名称を「不老会」とし、献体事務に取り掛かった。彼は残りの生涯を献体活動にかける決意で親類縁者や用水建設の同志に働きかけ運動の輪を広げた。

翌三七年一月二一日、不老会の設立総会が名古屋駅前の愛知県中小企業センター会議室で開かれた。入会者は一四〇人に上り、このうち一二〇人が出席した。名古屋大学からも総長勝沼精蔵、同医学部長松坂佐一らが出席した。役員の人選の結果、名誉会長勝沼精蔵、会長久野庄太郎、理事長山田和麻呂（大学）、理事原淳、杉山鉦一（大学）、加古文雄、浜島辰雄、木村信介（会員）などが決まった。提携大学は名古屋大学医学部で、本部事務所は同大学内に置くことになった。久野は挨拶の中で、不老会の方針として「不老会五つの願い」を発表した。

一、私どもは感謝のために、この会員になる。
二、私どもは不老長寿を得るために、この会員になる。
三、私どもは希望に生きるために、この会員になる。
四、私どもは医学の進歩のために、この会員になる。
五、私どもは平和をこい願うために、この会員になる。

心境を短歌に詠んで披露

我が霊《たま》は　かばねをひらく　若人と
ともに医学の　扉ひらかん　（久野作）

　久野庄太郎が登録第一号、久野夫人はなが第二号、浜島辰雄が第三号である。不老会は軌道に乗った。知多市の梅の名所・佐布里《そうり》池（愛知用水調整池）のほとりの丘に愛知用水神社と水利観音を建て犠牲者をまつった。

　三七年一〇月から、久野は愛知用水運動に取り組んだ半生を『躬行者』（独自に刊行した機関紙）に掲載し出した。それは血のにじむような苦労の連続をつづった追想記であった。

上＝水利観音と愛知用水神社
下＝晩年の久野庄太郎（自宅前で）

大地に生きる

久野庄太郎が七〇歳前半に記した随想「大地に生きる」を引用する（原則として原文のママ、一部訂正）。

「〈序文〉

久野庄太郎

過日、農林省（当時）東海農政局から要請がありまして『なぜ、愛知用水が作りたかったか、その後の愛知用水はどうだ、又現在、何を考えているか』などについて、書けとのことでありましたので、幸い三週間の病床中の余暇を利用して書いてみました。

〈大地に生きる1〉

『なぜ、愛知用水が欲しかったか』、日本では『日照りに飢饉なし』とありますのに、世間では『知多豊作米食わず』と言われていました。五月雨で田植えをしても、半生《はんげ》（半夏生の略、七月初め）にはもう、田んぼには水がなく、百姓は、天を仰いでなく蛙のように、雨を欲しがるので、『知多の雨蛙』とも言われていました。

土用入りには、溜池の圦《いり》（取水口）を抜く相談があります。そこで又問題があります。池下の田んぼは、圦を抜けば水が来るが、池上の棚田《たなだ》百姓は、溜池の水を下から汲み上げて稲を作るのだから、圦を抜いて池の水位が下がらぬ先に、池の水を上の棚田に汲み上げて、田んぼに溜めておかなければならない。

又、池の下にとっては、余り汲み上げられては、池下の田んぼの水が少なくなる。そこで圦抜きをあせる。溜池の水を『汲ませる』『汲ませない』でもめる。時には水ゲンカにもなるのであります。

水を汲むと言っても、今日ではポンプがありますが、その当時（戦前）は桶を手か跳ねつるべで何度も何度も汲み上げるのです。

田植え後の疲れた体で、六月末の日照りの中を一日に何万杯も汲む作業は、全く辛い単純作業の繰り返しである。終戦後相当長く、知多半島には日覆いをした農民たちのこんな水汲み風景が風物の一つとして見られました。

〈農聖山崎延吉《のぶよし》翁〉

当時、我々農村青年は戸惑った。十年に一度の豊作でも、利益のない小農青年は困惑しました。家の格や財産に圧迫されて、ろくに口も利けない農村に居るより素性かまわぬ都会にでも出て自由に暮らした方がよいか、と迷うた。

丁度その頃、農聖山崎翁を知った。翁は号を我農生といい、『我は農に生まれ、農に生き、農を生かさん』と主張された。迷える我々は、恰《あたか》も太陽に逢った如く、疑惑は氷解した。農村に生まれた私は、農に生き得る自信を得た。即ち、米作のみを農と誤解していた偏狭を打開された。そこで、野菜、畜産、農産加工、その他、農外企業まで何をやっても自由だ。農村を基盤とした農業経営の多角化を知った。このために必然の要求として、心の中に起ったものは、用水をつくりたいという要望であった。

農民の自覚、指導者の援助、大きくは時の力によって、愛知用水は意外に早く完成した。

しかし後味はあまり良くなかった。つまり、農民が用水の力を充分に消化するだけの力がなく、農業の生産が思うように上がらず、負担金の償還ができなかった。

十年前の私達には、まだ我農生の教訓が読めなかった。つまり、農に生まれ、農に生きる、までは解ったが、農を生かすことを知らなかった。

農業用水の行き詰まりによって、ようやく身をもって体得したことは、自分が生きんと欲すれば、先ず他を生かし、後に他の力によって、我もまた生かされる、と言う山崎翁の心がやっと解った。

私は愛知用水完成後、全国の農村有志から用水希望の相談を沢山頂きましたが、その都度必ず単農用水ではなく、総合用水をすすめてきました。

と申しますのは、愛知用水は上水道用水と工業用水の併用によって、その効果が倍加され三倍化されスムーズに流れているからであります。

〈大地に生きる2〉

味を覚えた道楽は止められぬと同じで、土地改良した快感は忘れられません。でも、それさえ、今日の日本では率直に許されません。山村では、緑保持のため、林道の建設もストップ、寔《まこと》に玉石共に焼く感があります。

しかし、我々は農を生かすに国境はないと思いまして、今東南アジアの開発に取り組んで居ります。後進国では、強い太陽の光線と、広大にして肥沃な土地と潤沢な水源を持ちながら、多数の国民が食糧難で苦しんでおります。時々は戦禍《せんか》も手伝って、何十万、何百万という人が餓死しております。

翻《ひるがえ》って、わが日本を見ると、食糧と外貨があり余って困っております。誠に、幸せな世の中と言わねばなりません。これは国民の勤勉と、すぐれた農業技術や肥料や農薬の力にも依るが、農業土木による土地改良の力に負うところが最も大きいことも認めねばなりません。

即ち、すぐれた農業技術や肥料や農薬が充分効果を発揮できるような生産の基盤を作ったのは土地改良事業であります。

発展途上国では、日本の同情と技術と投資を渇望しています。戦争を放棄した日本が、外国の侮《あなどり》を受けることなく、立派に栄えてゆける方法は、日本人が何より先ず平和的な大地に生きることを、これら発展途上国の人々に規範を示し、これを実行して、その効果を挙げることであると信じて私達は既に着々として実行して居ります」

久野は平成九年（一九九八）四月八日他界した。享年八九。長寿を全うした。

◆

小さな火（詩）

はじめは小さな火であった
思いつくことはやさしい
種をまくこともむずかしい業《わざ》ではない

しかし　その芽を守り育てて
花咲かせ　実を結ばせる
そのたゆみない労苦と根気は
誰にでもできる業ではない
かつての夢が　壮大な現実として
人々の前に姿を現した今
私たちは　この小さな火を
長い年月　守り育てて
天を灼《や》く炬火《かがりび》とした人々の
十年にわたる辛酸を思うのである

（『愛知用水』（愛知用水公団刊））

愛知用水 年表

〔『愛知用水史』、『愛知用水土地改良区　五十年の歩み』、『三〇周年記念』冊子（参照）〕

昭和二三年（一九四八年）

6・25　久野庄太郎ら知多半島有志による運動開始。
7・15　久野正太郎宅において愛知県会議員・愛知県農地部長・市町村長・知多農村同志会幹部が参集し、愛知用水計画の説明を聴取。
10・1　愛知用水開発期成会が発足。
11・1　知多農村同志会が中心となり、愛知用水期成促進大会を開催。
12・22　農村同志会・期成会員が上京。吉田首相・農林省開拓局・建設省・経済安定本部に陳情。

昭和二四年（一九四九年）

3・24　愛知県議会が愛知県三大河川総合開発委員会設定に関する決議。
7・25　農林省和田計画部長等によって現地調査。
9・15　愛知用水開発期成同盟会結成（後の愛知用水期成同盟会）。

昭和二五年（一九五〇年）

5・5　期成同盟会会長・森信蔵は全国市長会代表として渡米の際、「愛知用水の趣旨と理想」を翻訳して世銀に提出。建設費の借款（融資）を要請。
7・19　高松宮が愛知用水の計画地域を視察。
12・1　愛知県議会が「木曾川総合開発事業の調査促進」および「愛知用水事業施行」について建議案を議決。
12・3　愛知県議会太田議長、同上につき国会へ意見書を提出。

昭和二六年（一九五一年）

10・10　農林省木曽川水系総合農業水利調査事務所開設。
11・24　愛知用水土地改良区設立準備委員会設立（委員長 伊藤佐）。
12・1　愛知用水大規模農業水利改良事業国営施行申請を提出（久野庄太郎氏ほか一五人）。
12・4　国土総合開発法に基づき「木曽特定地域」が指定。

昭和二七年（一九五二年）

1・9　愛知用水土地改良区事務所開設（半田市南大股四‐二　愛知県教育農協知多支所内）。
1・13　愛知用水土地改良区設立事務委員の打合せ会（名古屋市スポーツ会館）。
1・23　愛知用水土地改良区申請者会議ならびに期成同盟会常務委員会（熱田神宮）。
2・1　『愛知用水新聞』創刊号発刊（月刊）。
2・13　愛知用水土地改良区設立準備委員会ならびに期成同盟会総会（スポーツ会館）。農林省農地局谷垣管理部長、桑原知事、地元県会議員出席。
2・22　愛知用水土地改良区申請人および期成同盟会常務委員会。
3・16　木曽川水系総合農業水利調査事務所に農林省農業改良局白石代吉研究部長来名、土地改良に伴う農業経営の転換につき協議。
3・17　愛知用水土地改良区設立認可申請書（本審査）県知事あて提出。
3・31　土地原簿、組員名簿、選挙人名簿を完成。
4・6　国際食糧農業機構連合FAOドット博士来日、愛知用水等視察。
5・1　愛知用水土地改良区申請人の会（熱田神宮）暫定役員の選任互選の結果暫定理事長に伊藤佐就任。
5・8　愛知用水土地改良区設立認可「指令耕第一〇五一号」、認可番号「愛知第六八号」事務局を開設（半田市南大股四‐一二）。
5・20　知多郡町村長千葉県両総用水視察および農林省農地局、経済安定本部、建設省に陳情。
6・5　愛知用水土地改良区総代選挙を実施。
6・7　土地改良区暫定役員会第一回総代会（熱田神宮）。

6・21 愛知用水事業に関して土地改良新聞社主催の座談会（雨森京都農地事務局長、桑原知事、農林省和田計画部長、清野技術課長、千葉、下川所長等出席）。
6・24 土地改良区暫定役員会（第一回総代会予算、その他）。
7・5 愛知用水土地改良区第一回総代会（愛知県庁）。来賓——桑原知事、千葉所長、宮下農地部長、広瀬耕地課長。
7・7 知多郡改良普及技術員に対する愛知用水説明会（知多地方事務所）。
7・7 桑原知事、千葉所長、伊藤理事長の会談。
7・15 土地改良区第一回理事会（熱田神宮）。理事長に伊藤佐を互選。
7・24 土地改良区特別委員会（各市町村長）（商工館）。
7・25 全国国土総合開発委員長村上竜太郎、愛知用水視察（～7・26）。
8・8 農林省堀災害課長愛知用水地区内視察（～8・9）。
8・18 土地改良区市町村事務嘱託吏員会（農林会館）。
9・3 東浦町農協総代会において愛知用水の説明を実施。
9・15 農林省農地局谷垣管理部長地区内視察。
10・7 外資導入陳情のため上京（理事長、幹事、常務委員）。
10・9 土地改良区第三回理事会（熱田神宮）。久野源蔵常務理事に就任。
10・15 農林省統計調査安田部長視察。
10・16 愛知用水大規模農業水利土地改良事業国営施行申請予備審査適当通知。
10・16 愛知県は愛知用水調査費を計上、調査開始。
10・20 久野源蔵常務理事ほか三名上京陳情。
10・25 保見村、高岡村、富士松村、新たに用水運動に参加。
11・6 世銀ドール、日本経済調査団長として来日。
11・6 デ・ビルデ、ギル・マーチン、用水地区を視察。世銀融資についての最初の折衝が行われた。
11・7 農林省京都農地事務局長、県幹部、県会議員、愛知用水懇談会。
11・14 全国農地事務局技術課長愛知用水地区視察（～11・15）。

11・28　長野県王滝村山瀬議長、地区視察。
12・10　世銀副総裁ガーナー来日、農林大臣と会見(愛知用水に外資導入要請)。
12・16　世銀副総裁ガーナーへ農業関係融資について陳情(石黒忠篤、那須浩、東畑精一、桑原知事、伊藤理事長、森会長、千葉所長)。
12・29　農村同志会献餅、上京陳情。

昭和二八年(一九五三年)

2・10　土地改良区事務所移転(半田市中村二一)。
3・24　土地改良区総代会(半田市公会堂)。
4・1　農林省、P・C・Iと愛知用水技術援助契約を締結。
6・5　愛知用水期成促進大会(愛知県農林会館)。知事、国会議員、県会議員出席、国営事業として昭和二九年度愛知用水着工要望。
7・26　関係地域利水委員会(～8・31)
9・25　台風一三号襲来。
10・19　パコ社ルービンス世銀日本支部長来日(～10・23)。用水予定地視察。
11・17　世銀ドール日本経済調査のため来日。
12・10　世銀副総裁ガーナー来日、世銀借款につき日本政府と折衝。
12・13　山添利作前農林次官、団野信夫朝日新聞論説委員視察。
12・28　農村同志会献餅、上京陳情。

昭和二九年(一九五四年)

4・29　世銀副総裁ガーナーは、小笠原蔵相あての書簡を井口駐米大使に伝達方依頼。
5・29　日本政府、世銀に対し外資導入申請。
6・8　東海経済懇話会六月例会において愛知用水計画促進につき協議。
7・下旬　P・C・I予備設計報告書を農林省へ提出。

7・29 世銀農業調査団来日。
7・30 東海経済懇話会は世銀ドール来名の際、愛知用水事業の世銀借款成立につき要望書を提出。
8・18 団長ドール帰国。
8・30 デフリース後任団長として来日。
11・12 世銀鉱工業調査団来名。
11・26 P・C・I愛知用水計画報告書を農林省へ提出。

昭和三〇年(一九五五年)

1・7 世銀副総裁ガーナー、世銀農業調査団報告書を井口駐米大使に手交。
2・7 世銀副総裁ガーナー、愛知用水計画に関するメモランダムを井口駐米大使に手交。
2・19 農林省清野技術課長、世銀借款予備交渉のため渡米。
5・18 P・C・I愛知用水追加報告書を農林省へ提出。
5・24 世銀ドール、河野農林大臣あて書簡を提出、公団法案の国会提出を了解。
6・17 愛知用水公団法案、閣議決定。
6・18 P・C・Iエリック・フロアーと各省技術者愛知用水事業計画に関し、討議。
6・26 農地局戸嶋参事官、和田計画部長、王滝村・三岳村当局と用地補償問題につき協議。
6・30 愛知用水協力会結成、会長に愛知県知事桑原幹根就任。
7・28 衆議員農林水産委員会で公団法を全会一致で可決。
7・30 参議員農林水産委員会で公団法を全会一致で可決。
8・6 愛知用水公団法公布。
8・15 愛知県議会議員有志で愛知用水議員連盟を結成。
8・29 世銀メモランダム(農業開発事業の今後の作業について)提出。
10・3 愛知用水公団設立委員会開催。
10・5 名古屋商工会議所に愛知用水協力委員会設置。
10・10 愛知用水公団設立。

10・15　愛知県知事は愛知用水土地改良区理事長に対し、受益者の三分の二以上の同意を要請。
12・5　農林省は愛知用水特別調査委員会を設置し、畑地かんがい、機械開墾の合理的施行の検討。

昭和三一年（一九五六年）

1・1　愛知用水土地改良区理事長に日高啓夫就任。
1・15　愛知用水土地改良区は事業実施につき三分の二の同意書を農林大臣あて提出。
3・1　愛知用水土地改良区事務局長に元愛知県開拓課長植松喬就任。
3・15　堰堤および水路事業所を設置。
3・19　愛知県と公団で水道事業資金供給に関する基本協定を締結。
4・20　木曾特定地域総合開発計画の要旨公表。
5・1　知多郡大府町に畑地かんがい実験農場設置。
5・4　E・F・Aと技術援助協定を締結。
9・1　愛知県農地部に愛知用水課を設置および関係農地開発事務所に愛知用水係を増設。
9・10　可児土地改良区設立認可申請。
11・16　可児土地改良区設立認可。理事長に渡辺清男就任。
11・30　木曾川水系木曾川支流王滝川河水引用および河川敷占用ならびに河川付近地内工作物設置許可を長野県知事に申請。
11・30　木曾川水系木曾川河水引用許可を岐阜県知事に申請。
12・18　事業実施計画書（牧尾ダム分）を農林大臣に提出。
12・24　関西電力株式会社と発電事業に関する基本協定を締結。
12・27　公団桜井理事ほか職員二名世銀に対する技術報告書説明のため渡米。

昭和三二年（一九五七年）

2・1　岐阜県と支線水路の委託に関する基本協定を締結。
3・11　世銀が事業計画に関する技術説明を原則的に了解。

4・1　愛知県水道建設事務局設置。
6・3　愛知用水土地改良区理事長ら、事業実施計画の早急告示について農林省などに陳情。
6・10　事業実施に下流の水路計画を加えた事業実施変更計画について関係三県と追加協議を開始。
6・21　事業実施計画を農林省へ提出。
7・9　世銀借款交渉のため、日本政府代表、大蔵省松川主査、農林省清野建設部長、公団岡田理事ら渡米。
7・29　愛知用水土地改良区「農業受益計画第一次試案」を発表。
8・9　世銀借款契約および政府保証契約に調印（ブラック世銀総裁、朝海駐米大使、浜口公団総裁）。
9・10　農林大臣は事業実施計画に関する法的手続完了の旨告示。
9・21　愛知県は水道事業に関する共同施設の使用承諾。
9・25　関西電力株式会社は発電事業に関する共同施設の使用を承諾。
9・26　愛知用水土地改良区理事長、事業実施の促進と負担の軽減について農林大臣・公団総裁・愛知県知事に要請。
10・14　愛知県議会に用水開発促進委員会および愛知用水分科会を設置。
11・5　三好ダム工事に着手。
11・13　愛知県知事と上水道および工業用水道事業について覚書を交換。
11・15　牧尾ダム仮排水路工事に着手。
11・17　長野営林局と王滝森林鉄道の付替について協定を締結。
11・30　岐阜県営松野池（防災用ため池）の建設に関し協定を締結。
12・2　名古屋南部臨海工業地帯造成に伴い、愛知県は工業用水の追加（毎秒五立方メートル）を要請。

昭和三三年（一九五八年）

1・10　入鹿用水土地改良区は愛知用水事業に加入を決定。
1・20　兼見トンネル工事に着手。
3・28　事業推進の目的をもって受益地域内の農業協同組合が愛知用水対策協議会を結成。
4月　工業用水の専用水路の工事始まる。

5・10 牧尾ダム建設工事の請負契約を締結。
6・11 牧尾ダム補償協定書・附属協定書・覚書を三岳・王滝両村と締結。
7・1 富士トンネル工事開始。
7・1 白山トンネル工事開始。
7・1 味岡支線分水の工事開始。
7・25 牧尾ダムの仮締切ダム一部が流出。
8・20 畑地かんがい実験農場の五試場(可児・小牧・横須賀・東浦・美浜)を設置。
8・26 台風一七号による異常出水のため牧尾ダム仮締切の一部が流出。
9・6 松野池の工事に着手。
9・8 世銀借款限度額を七〇〇万ドルから五三〇万ドルに減額。
9・11 ロックフィル・ダム反対郡民大会を上松駅前にて開催、二子持コンクリートダム建設を主張。
11月 上野浄水場(工水)の工事着工。
11・17 愛岐トンネルの工事始まる。
11・26 長野県知事と神戸・越立間の道路工事および費用負担に関する協定を締結。
12・1 長野県知事より牧尾ダム本工事実施認可あり。即日工事を開始。

昭和三四年(一九五九年)

1・20 長野県知事と牧尾ダム左岸県道付替工事に関する協定を締結。
1・21 愛知県知事、名古屋南部臨海工業地帯の造成を促進するための追加工業用水道計画について依頼文書を関電社長あて発送。
1・28 上野サイホン工事始まる。
2・12 愛知県知事、名古屋南部臨海工業地帯造成計画に伴う工業用水の需要増大に関連して幹線水路の工事計画の断面変更を公団に依頼。
2・15 牧尾ダムサイト右岸部に断層亀裂による地すべり発生。
2・18 地すべりに伴い、王滝森林鉄道は一時運休。

3・14 土地評価委員会発足。
3・28 愛知県議会に用水開発促進委員会を設置。
3・31 今渡第一水路の工事始まる。
4・1 大神トンネル工事始まる。
4・1 事業の拡大に伴い関係開発事務所に愛知用水課を設置。
4・11 神廻トンネル工事始まる。
4・15 志段味トンネル工事始まる。
4・15 牧尾ダムサイト地すべり応急対策工事が完了、森林鉄道が運行再開。
5・10 公団は農林省に対し研修生として技術職員の応援を依頼。
6・1 愛知用水土地改良区と三好池の暫定管理に関する協定を締結。
8・1 東郷調整池（愛知池）工区を設置。
8・3 長野営林局長と王滝森林鉄道付替に関する協定を締結。
8・11 八幡サイホン工事始まる。
8・20 牧尾ダム定礎式を挙行。
9・16 高座山トンネル工事始まる。
9・25 愛知県は他府県より、派遣職員（九二人）の応援を受ける。
9・28 矢田川サイホン工事始まる。
10・4 大高サイホン工事始まる。
10・10 愛知用水土地改良区事務局長に元京都農地事務局管理部長小山邦雄就任。
12・7 愛知用水土地改良区と耕地整備事業の委託に関する基本協定を締結。
12・19 高蔵寺サイホン工事始まる。

昭和三五年（一九六〇年）

1・8 可児土地改良区と耕地整備事業の委託に関する基本協定を締結。
1・13 高蔵寺サイホン（鋼管橋）の工事始まる。

1・20 善師野暗きょ工事始まる。
2・18 兼山取水口の工事始まる。
4・1 神尾サイホン工事始まる。
5・10 愛知県農林部・農地部関係各課の専門係員による、愛知用水地域農業計画作業室を設置。
5・28 農地局長・公益事業局長との間で牧尾ダム建設に伴ぅ共同施設費の負担額の決定について申し合わせ。
6・4 公団は牧尾貯水池新発電所計画（王滝川発電所）に関し、関西電力に同意。
6・10 木曾川水系木曾川の河水引用と河川敷占用および工作物設置ならびに河川付近地内工作物設置について岐阜県知事から許可。
7・17 内津川サイホン工事始まる。
9・1 入鹿水路橋の工事始まる。
11・1 内福寺放水路工事始まる。
11・14 牧尾貯水池の建設に要する費用負担について公団・関電との間に覚書を交換。

昭和三六年（一九六一年）

2・10 公団は、木曾川水系木曾川河水引用変更（かんがい期の変更）許可を岐阜県知事に申請。
5・28 牧尾ダム完工式。
6月 支線水路工事完成。
6・12 施設管理規程に関する諸手続完了の旨告示。
6・26 通水式を直前にして梅雨前線豪雨による災害発生。
6・26 愛知用水土地改良区は管内に五か所の管理事務所を設置。
8月 上野浄水場（上水）完成。一日最大能力一万六〇〇〇立方メートル。
8・31 御岳・常盤両発電所に対する損害補償に関する覚書を関電と締結。
9・30 通水式。
10・1 浜口総裁退任し、新理事長に成田努就任。
10・1 愛知県水道部設置。豊川用水事業の受託に伴い「愛知用水課」を「農業用水課」と改称。

10・16　愛知用水管理事業所を設置。
10・17　木曾川水系木曾川の河水引用変更（かんがい期の変更）が岐阜県知事から許可。
11月　上野浄水場（工水）完成。
11・30　愛知県主催「愛知用水竣工祝賀式」挙行。
11・30　E・F・Aとの間に「技術援助協定に基づく役務の完了についての協定書」が調印され、五年有半にわたる契約解除。
12・18　王滝発電所一部設計変更（揚水機能付与）等に関し関電案に同意。
12・20　上水道・工業用水道事業専用施設供給金および共同施設の維持管理費の負担につき、愛知県と覚書を交換。
12・20　愛知用水事業に要する費用の負担につき愛知県と協定を締結。
12・20　牧尾貯水池共同施設負担金支払に関し、関電と協定を締結。
12・28　発電事業に関する共同施設維持管理費の負担につき関電と協定を締結。
12・28　兼山ダム使用料につき関電と協定を締結。

昭和三七年（一九六二年）

2・20　牧尾ダム操作規程および兼山取水操作規程に関し、関電が同意。
3・3　昭和三六年梅雨前線豪雨による災害復旧事業に要する費用の負担につき愛知県と協定を締結。
3・16　愛知用水事業に関する費用の負担について岐阜県と協定を締結。
3・23　昭和三六年梅雨前線豪雨牧尾ダム関係災害復旧工事費の分担額につき関電が同意。
4・1　愛知用水施設の仮管理に関する協定を愛知県・可児土地改良区と締結。
4・1　愛知県農林部農業技術課に営農指導係を設置。
5・1　愛知用水施設管理規程第六条に基づく施設の管理に関する委託協定を入鹿用水土地改良区と締結。
5・1　愛知用水土地改良区は公団と仮管理に関する協定を締結。
8・27　農林省・公団・愛知県は農民賦課金の基本方針を決定。
12・27　愛知用水事業に要した建設費の賦課処分を愛知・入鹿・可児各土地改良区に対し実施。

12・27　昭和三六年梅雨前線豪雨による災害復旧費の賦課処分を愛知・入鹿両土地改良区に対し実施。

昭和三八年（一九六三年）

9・6　愛知県および公団は、建設負担金徴収のため受益面積再調査の実施を決定。
12月　上野浄水場の工水の給水能力、一日最大一七万二八〇〇立方メートルに拡大。

昭和三九年（一九六四年）

5・16　愛知用水管理事業所を管理部に統合、管理・徴収体制の一元化を図る。
7・2　愛知県知事は、工業用水毎秒三立方メートル追加取水に伴う水利権の取得について公団に申入れ。
7・18　公団は岐阜県知事に対し工業用水毎秒三立方メートル取水に関する水利権の変更を申請。
7・28　愛知県・岐阜県および公団は、工業用水毎秒三立方メートル取水に関する水利権変更の処理について協議し方針を決定。
8・27　愛知県知事は関係市町村長に対し、受益面積再調査の協力を依頼。
9・5　工業用水毎秒三立方メートル取水に関する水利使用変更許可命令書が、岐阜県知事から公団に交付。
10・1　成田理事長退任し、新理事長に塩見友之助就任。
11・26　可児土地改良区は、岐阜県可児町営工業用水道事業として毎秒〇・三立方メートルの農業用水転用を公団に申入れ。
12・3　公団に副理事長を本部長とする賦課徴収促進対策本部を設置、農民建設負担金の円滑な徴収確保を図る。
12・18　工業用水毎秒三立方メートル追加取水に伴う関西電力兼山・今渡発電所における減少電力量補償について、公団と関電の間で覚書を締結。
12・25　可児町から町営工業用水道事業として毎秒〇・三立方メートル取水を公団に申入れ。

昭和四〇年（一九六五年）

1・25　工業用水毎秒三立方メートル取水に伴う施設管理規程の一部変更に関する諸手続を完了の旨告示。

2・22 可児町・可児土地改良区および公団は、町営工業用水道毎秒〇・三立方メートルの取水に伴う処理について方針を決定。
2・27 公団は岐阜県知事に工業用水毎秒〇・三立方メートル取水に関する水利権の変更を申請。
2・28 公団・県および愛知用水土地改良区は、受益面積再調査実施の中間結果として約一万ヘクタールの水利用面積を明らかにする。
3・31 工業用水毎秒〇・三立方メートルの取水に関する水利使用変更許可命令書が、岐阜県知事から公団に交付。
4・5 愛知用水土地改良区は、臨時総代会において、昭和四〇年度建設負担金として一〇アール当たり平均一〇〇〇円の徴収を可決。
12・9 農林省・公団および愛知県は、愛知用水農民負担金の処理対策について基本的に了解。

あとがき

水到《いた》りて自《おの》ずから渠《きょ》成る——愛知用水通水五〇周年

愛知用水は中部地方最大の水の人工動脈である。その豊富な水資源が、半世紀の間地元の農業界・工業界・経済文化活動・市民生活・自然環境などにもたらした貢献は計り知れない。同用水は、敗戦後まもない初期の段階から一貫して血を吐くような実現運動を率先垂範した篤農家久野庄太郎と農業土木技術者浜島辰雄とともに、永遠に中部地方の文明史に（いな日本の近現代史に）その名を深く刻んでいくことになる。この地の「宿命」とまで見なされていた干ばつと言う名の「邪鬼」を苦難の末に見事に退治したのである。

雨乞《あまごい》に　曇る国司《こくし》の　なみだ哉《かな》

江戸中期を代表する俳人蕪村（一七一六－一七八三）の秀句である。王朝時代の国司（地方長官）も、雨乞をする農民とともに干ばつの憂いをともにして、その威厳ある顔を涙に曇らせる、との詠嘆である。古来、干ばつ常襲地である愛知県知多半島の「国司」は毎年のように農民と共に憂え、なす術《すべ》もなく悲嘆にくれてきたのである。

太平洋戦争敗戦後、甚大な戦争被害を受けた中部地方の復興や発展に寄与した大規模事業で、愛知用水に優るものをあげよと言われても、あげることは容易ではないだろう。幹線水路延長約一一二キロの同用水は、農業や工業の分野に画期的な成果をもたらしただけでない。世界銀行からの融資を受けて、アメリカ人技術者による直接指導により土木工法や農業土木技術の進歩・発展、さらには人材育成にもかつてない進歩をもたらした。「日本型ＴＶＡ」の規範例と賞讃されるゆえんである。

だが「光」には自ずから「影」がつきまとう。大きな恩恵（光）にだけ目を向けているばかりでは歴史は見えない。同用水建設の犠牲（影）になった方々がいたことは忘れてはならない。中でも水資源確保のために建造された多目的ダム牧尾ダム（長野県王滝村及び三岳村（現木曽町））により、家屋や田畑などの水没を余儀なくされ移転した村民や郷里を離れざる得なくなった農民が少なくなかったことは忘れてはならない。ダム湖が広がる王滝村及び三岳村（現木曽町）は今日もなお難問を抱えたままである。

同用水は着工から通水までわずかに四年間という今日では予想すらできない昼夜兼行の突貫工事で進められた結果、五六人もの技術者や現場作業員が命を奪われたことは明記されるべきことだろう。その中に一人のアメリカ人技術者が含まれていることに事業の特徴がうかがえる。

「今日から見れば愛知用水はすべてが計画通りにうまい具合に進んだように思われるが、当事者である我々にとっては試行錯誤の連続であり、その道程は決して平坦ではなかった。ただ大事業につきものの汚職や不正行為がなかったことは誇っていいと考えている」。私は、取材でお会いした九〇歳を超えた浜島辰雄氏が噛んで含めるように語った言葉が忘れられない。

私が五〇周年を迎える〈世紀の大事業〉をノンフィクションで描こうとしたのは、これらの苦難の道程を再確認したいと思いたったからに他ならない。

本書は独立行政法人水資源機構の月刊誌「水とともに」に一二か月（一二回）にわたって連載した拙文を加筆訂正したものである。五〇周年を前に同誌の連載をお勧めいただいた同機構青山俊樹理事長、森田保則中部支社長（当時）をはじめ取材への協力を惜しまなかった幹部や友人諸氏に感謝したい。同機構愛知用水総合管理事務所井爪宏所長、同衣斐剛人副所長それに本社石神慶守広報課長と「水とともに」編集担当の江頭憲一氏には大変お世話になった。改めて謝意を表したい。連載中、かつてこの〈世紀の大事業〉に携わった方々や読者の方々から資料提供や指摘さらには賛辞の言葉をいただいた。予想を越える反応にいささか驚くとともに、愛知用水事業がいかに戦後日本を代表するビッグ・プロジェクトのひとつであったかを熱い気持ちで実感した次第であった。

感謝すべき方々や組織・団体は限りない。一部を記すにとどめることをお許し願いたい。

まず感謝すべき方々である（敬称・肩書略）。久野博足氏と久野庄太郎氏の御遺族の方々、浜島辰雄氏と御家族、伊藤健一氏、村田邦夫氏・栄子様ご夫妻、光岡史郎氏、澤田廣三氏、宮地正己氏、小林正美氏、西尾貢氏、西路勝氏、森久一郎氏、伴武量氏、森田芳一氏、早川吉夫氏、平沢茂氏、大根義男氏、小島茂夫氏、下野隆彦氏、岡田昌治氏、藤山啓二氏、福田晴耕氏、藤山秀章氏（順不同）。失念した方がおられるかも知れない。お許し願いたい。

次に組織や団体である。独立行政法人水資源機構本社・中部支社、愛知用水土地改良区、明治用水土地改良区、半田市・知多市・大府市・武豊町など知多半島の市や町、愛知・豊川用水振興協会、入鹿用水土地改良区、国土交通省、農林水産省、愛知県、長野県、岐阜県、王滝村役場、財団法人名古屋都市センター、中日新聞、信濃毎日新聞、ＮＨＫ、国立国会図書館、愛知県立図書館、筑波大学、名古屋大学、三重大学、農研機構農村工学研究所（在つくば市）、世界銀行東京事務所、新美南吉記念館（順不同）。

鹿島出版会出版事業部の橋口聖一氏には今回も拙書出版への御尽力をいただいた。心から感謝したい。参考文献はぼう大な量となるため割愛するが、『愛知用水史』、愛知用水土地改良区の関連資料、中日新聞の関連記事を活用させていただいたことを特記しておきたい。

平成二二年（二〇一〇）盛夏　愛知用水五〇周年を一年後に控えて

高崎哲郎

まなかひに　たたへられた　木曾の水は　百年の夢をうつつに

新らしい　河を流れゆく　ゆくてに　幸多かれ　（愛知用水完工記念碑、於牧尾ダム）

功名、水到自渠成　〈訳〉功名、水到りて自ずから渠成る）　（『范成大』）

隙人《ひまじん》や　蚊が出た出たと　触れ歩く　（一茶）

著者紹介

高崎哲郎《たかさき・てつろう》

一九四八年栃木県生まれ。

NHK記者、帝京大学教授、東工大などの非常勤講師を歴任。

作家・土木史研究家。

主な著書

『評伝　技師・青山士の生涯』（講談社）

『沈深、牛の如し―慟哭の街から立ち上がった人々』（ダイヤモンド社）

『砂漠に川ながる―東京大渇水を救った五〇〇日』（ダイヤモンド社）

『洪水、天ニ漫《ミ》ツ―カスリーン台風の豪雨・関東平野をのみ込む』（講談社）

『評伝　工人・宮本武之輔の生涯―われ民衆と共にことを行わん』（ダイヤモンド社）

『鶴 高く鳴けり―土木界の改革者 菅原恒覧』（鹿島出版会）

『大地の鼓動を聞く―建設省50年の軌跡』（鹿島出版会）

『開削決水の道を講ぜん―幕末の治水家・船橋随庵』（鹿島出版会）

『山原の大地に刻まれた決意』（ダイヤモンド社）

『天、一切ヲ流ス―江戸期最大の寛保水害・西国大名による手伝い普請』

『荒野の回廊―江戸期・水の技術者の光と影』

『評伝　山に向かいて目を挙ぐ―工学博士・広井勇の生涯』

『評伝　お雇いアメリカ人青年教師―ウィリアム・ホィーラー』

『評伝　月光は大河に映えて―激動の昭和を生きた水の科学者・安藝皎一』

『湖水を拓く―日本のダム建設史』

『評伝　水と緑の交響詩～創成する精神～環境工学者・丹保憲仁』

『評伝　大鳥圭介―威ありて、猛からず』

『評伝　ゼロからの飛翔　環境の時代に挑む～〈水〉の企業家・長井政夫』

『評伝　技師 青山士　その精神の軌跡―万象ニ天意ヲ覚ル者ハ……』

『水の匠・水の司〝紀州流〟治水・利水の祖―井澤弥惣兵衛』

『評伝　石川栄耀　〈社会に対する愛情、これを都市計画という〉』（いずれも鹿島出版会）

初出
連載「水の思想　土の理想　〈私説〉世紀の大事業・愛知用水」
『水とともに』二〇〇九年六月号～二〇一〇年五月号
独立行政法人 水資源機構

水の思想 土の理想
世紀の大事業　愛知用水

発行　二〇一〇年八月二〇日　第一刷
著者　高崎哲郎
発行者　鹿島光一
組版・装丁　高木達樹
印刷　創栄図書印刷
製本　牧製本
発行所　鹿島出版会
一〇四－〇〇二八　東京都中央区八重洲二－五－一四
電話　〇三（六二〇二）五二〇〇
振替　〇〇一六〇－二－一八〇八八三

ISBN978-4-306-09408-6 C0052 Printed in Japan

本書に関するご意見・ご感想は左記までお寄せください。
URL http://www.kajima-publishing.co.jp
E-mail info@kajima-publishing.co.jp

鹿島出版会

高崎哲郎の好評既刊本

水の匠《たくみ》・水の司《つかさ》

"紀州流"治水・利水の祖——井澤弥惣兵衛

〈米将軍〉徳川吉宗の厳命を受け、還暦を過ぎて幕臣となった井澤弥惣兵衛は、全国各地で新田開発・河川改修などを手掛けた。

紀州流による驚異的な実績は、二世紀半が過ぎた今日でも多くの国民の生活を支えている。

空前の大干拓・新田開発を遂行した幕臣の史伝！

四六判・二五六頁　定価二、五二〇円（本体二、四〇〇円＋税）

〒104-0028 東京都中央区八重洲2-5-14 Tel.03-6202-5201 Fax.03-6202-5204
http://www.kajima-publishing.co.jp E-mail:info@kajima-publishing.co.jp